코딩초보를 위한

72 시간

기초 12hr
활용 60hr

파이썬
정복

이승현 · 이정환 · 조수현 · 양정모 공저

光文閣
www.kwangmoonkag.co.kr

머리말

⟶

　Python은 사람이 사용하는 자연어를 이용한 프로그래밍 언어와 블록을 이용하여 코딩을 쉽게 만든 프로그래밍 언어의 사이로, 대부분의 분야에 활용할 수 있는 쉽고 강력한 프로그래밍 언어입니다. 따라서 전공자뿐만 아니라 비전공자, 문·이과 등을 막론하고 앞으로 필수적으로 배워야 하는 프로그래밍 언어라 생각합니다. 하지만 Python의 기초부터 어렵게 받아들이는 경우를 근처에서 많이 보았고, 이는 기존의 전공자들이 C와 JAVA를 강의할 때와 같은 맥락 때문이라는 생각이 들었습니다.

　본 도서는 이를 바탕으로 하여, 비전공자 혼자서 허공에 시간을 부어가며 저질렀던 실수와 절차들을 기반으로 집필하고 전공자들에게 검토를 받는 방식으로 집필하였습니다. 독자들의 직관적인 이해를 돕고자 적절한 비유와 그림을 이용하였으며, 각 주제에서는 예제 코드와 개념 설명을 통해 이를 쉽게 익힐 수 있도록 구성하였습니다.

　단원 구성은 크게 기본적인 컴퓨터 구조와 언어의 기본 문법을 다루는 기초 파트, 이후 다양한 실습 예제를 거치는 활용 파트로 구성되어 있습니다. 활용 파트의 5~8장은 전공 불문 사용하게 되거나 한 번쯤 필수로 사용하게 되는 주제들로 되어 있습니다. 9장은 일부 특정 분야를 목표로 합니다. 세부적인 구성은 다음과 같습니다.

　제1장에서는 본격적인 파이썬 문법 등에 앞서, 학습의 효율을 향상시키기 위해 기본 배경과 정보 등을 수록하였습니다.

　제2장에서는 프로그래밍 시 데이터의 기본인 데이터를 저장하는 변수에 대해 다룹니다.

제3장에서는 조건에 따라 실행 여부가 나뉘거나 일부 반복되는 코드, 혹은 오류 발생에 대비하는 예외 처리 등을 다루는 제어문 단원입니다. 이를 통해 단순하게 진행 혹은 반복되는 코드가 아닌, 상황에 따라 효율적으로 코드를 작성할 수 있게 됩니다.

제4장에서는 프로그래밍의 구조적 효율을 향상시키는 기능인 함수와 클래스, 그리고 모듈을 배우게 됩니다. 이는 뒤로 갈수록 앞을 포함하는 개념으로, 기본적으로 특정한 기능을 수행하는 여러 줄의 코드를 한 줄로 포장하고, 이를 다시 묶어 하나의 세트로 포장하고, 마지막으로 이를 배포하는 형태로 구성되어 있습니다.

여기까지가 기본적으로 프로그래밍의 구조적인 부분을 다루는 기초 파트입니다.

이후에는 앞서 배운 파이썬의 기본 문법과 구조를 토대로 다양한 실습을 수행합니다.

제5장은 데이터를 시각화하는 파트로, 단순히 텍스트만 출력하던 이전과 달리 일종의 그래프 및 차트 형태로 나타내는 단원입니다. 이는 정보들을 직관적으로 이해하기에 용이합니다.

제6장은 실제 사람들이 키보드와 마우스를 통해 수행하던 작업의 일부를 자동화하는 단원입니다. 이를 통해 독자들은 파이썬의 활용 방안은 코드를 짜기 나름임을 깨달을 수 있습니다.

제7장은 앞서 수행하던 것들과 달리 웹 서버를 구축하고 서버상에 일부 기능들을 탑재하는 단원입니다. 이를 백엔드(back-end)라고 부르며, 웹페이지 사용자가 보지 못하는 화면 뒤(back)를 배워 보는 단원입니다.

제8장은 게임을 만들어 보는 단원입니다. 게임은 기초 단원에서 배운 문법들을 아주 효율적으로 사용해야 하는 단원으로, 앞서 배웠던 기초 파트를 효과적으로 실습하고 이를 다듬을 수 있는 단원입니다.

제9장은 모든 사람이 할 필요는 없으나, 파이썬을 다 배워본 독자들이 이후 특정 목표에 맞춰 활용해 볼 수 있는 단원입니다. 모든 분야를 다루진 못했고, 가장 보

편적으로 이용하게 되는 컴퓨터 비전, 금융, 그리고 지리 정보 부분을 다뤄 보았습니다. 이를 통해 독자들은 본 도서 이후에 스스로 학습해야 하는 방향을 설계하고 수행할 수 있습니다.

　새로운 관점과 위 과정을 토대로 만들어진 도서가 많은 분께 선물이 되길 바라지만, 곳곳에 미처 찾지 못한 오류가 있을 것입니다. 또한, 지속적인 파이썬의 버전 업그레이드로 인한 오류가 발생할 것입니다. 향후 이메일(72-python@naver.com) 및 블로그를 통해, 독자들의 학습에 어려움이 없도록 노력하겠습니다.

　끝으로 이 교재를 출판해 주신 광문각출판사 박정태 회장님과 임직원분들께 감사드립니다.

저자 일동

CONTENTS

PART 02 **60** 시간 활용 파트 ⟶

CONTENTS

12시간

PART 01

기초 파트

PYTHON

CHAPTER

01 들어가며

PYTHON

여러분이 파이썬을 하고자 하는 이유는 무엇인가요?
필자는 왜 수많은 파이썬 입문서가 존재함에도 불구하고
입문서를 쓰게 되었을까요?
왜 파이썬은 엄청난 인기를 얻게 되었을까요?
어떻게 대학생 교양부터 딥러닝까지 정복하였을까요?
첫 장에서는 이러한 의문들을 가볍게 풀어보도록 하겠습니다.

① 들어가며

1. 왜 파이썬인가?

독자 분들께서는 어떤 이유로 파이썬을 배우고자 하시나요? 반대로, 필자는 어떤 이유로 파이썬을 배웠고, 책을 쓰게 되었을까요? 파이썬을 하는 사람이라면 모두가 아는 문장과 농담이 있습니다. "Life is too short, You need Python." 인생은 너무 짧으니 당신은 파이썬이 필요합니다. 또 외국에서 만들어진 짧은 만화에서 날고 있는 사람에게 "어떻게 날고 있죠?"라고 물으니 "난 단지 파이썬을 쓴 건데, 잘 모르겠네."라던가, 다른 프로그래밍 언어들을 칼, 톱, 맥가이버칼로 표현할 때 파이썬은 용을 잡는 만능 상자로 비유되는 만화도 있습니다. 그만큼 파이썬이 매우 다양한 것을 아주 쉽게 해낼 수 있다는 의미입니다. 필자와 독자 모두 충분한 답이 되었을까요? 앞으로 갈 길이 먼, 프로그래밍이 처음인 독자들도 본 도서와 함께라면 짧은 시간에 충분히 컴퓨팅 사고와 프로그래밍 실력을 갖출 수 있을 것이라 생각됩니다.

필자는 딥러닝이 흥행하는 매우 초기에, 알파고가 수면 위로 올라오기 전, 텐서플로우 Tensorflow라는 이름의 딥러닝을 이용하기 가장 쉽고 성능이 좋은 라이브러리를 접했는데, 당시 이 라이브러리를 이용할 수 있는 언어가 바로 파이썬이었습니다. 파이썬을 익히고 난 후, 파이썬의 편리함 덕분에 매우 짧은 시간에 프로그램을 개발할 수 있었습니다. 이후에도 개발자가 구현하기에는 간단하지만 번거롭고 시간이 제법 소요되는 프로그램 코드를 개발한 사례도 기억이 나네요. 운이 좋아 일종의 '가성비'가 매우 뛰어난 언어를 습득했고, 개발과 관련된 업무에 투입되어도 비교적 짧은 시간에 큰 문제 없이 문제를 해결할 수 있었습니다.

다시 한번 질문에 답하자면, 그것은 결국 파이썬의 철학인 두 가지 특징 덕분이라고 생각합니다.

파이썬은 1. 사용하기 매우 쉽고, 2. 활용성이 뛰어납니다.

현재 프로그래밍 언어 중에서 가장 고수준의 언어 _{기계가 아닌 인간에게 친숙한 문법을 띄는 언어}라는 점과, 오픈소스의 활성화 및 라이브러리 배포, 이 두 가지 덕분입니다. 이 중한 가지라도 충족하지 못했다면 파이썬은 지금의 위상을 갖지 못했을 것입니다. 필자의 경험상, 수많은 언어 중 가장 직관적이고 깔끔하며, 라이브러리 배포 방식은 다른 언어의 개발자가 사용하기에도 매우 편리합니다.

당연히 단점도 존재하지만, 입문자가 신경 쓸 부분은 전혀 아닙니다. 프로그래밍의 기본적인 구조를 익히기 위해서나 프로그래밍을 통해 어떠한 시스템을 구현하기 위해서든 그 어떤 언어보다도 쉽고 효율적인 것은 확실합니다. 본 책은 파이썬의 철학과, 비전공자인 필자의 경험을 녹여 그 어떤 입문서보다도 쉽고 빠르게 정확한 구조를 파악할 수 있다고 자부합니다. 파이썬과 본 책을 접하게 된 독자들을 환영합니다!

2. 무얼 할 수 있는가?

파이썬은 정말 모든 것을 할 수 있습니다. 앞서 언급한 오픈소스와 라이브러리 배포 방식 덕분입니다. 수많은 개발자는 오픈소스라는 새로운 트렌드를 따라 본인의 능력을 펼치기 위해 힘들게 개발한 어려운 코드를 쉽게 만들어 공개합니다. 이덕에 크롤링, 업무 자동화와 같은 실생활에 유용한 작업부터 웹 프로그래밍, 파이썬의 한계인 속도를 개선하는 분산처리, 병렬처리 등 모든 것이 가능합니다.

사실 조금 난해한 영역이 존재하긴 합니다. 임베디드 프로그래밍이나 모바일 앱인데, 일반적으로는 불가능하다고 알려져 있습니다. 실제로 과거에는 모바일 앱의 개발이 매우 까다롭고 비효율적이었기 때문입니다. 하지만 이제는 파이썬만으로도 개발이 가능합니다.

특히 웹에서는 우리가 눈에 보이는 영역인 프론트엔드와 회원 가입, 상품 주문 등 기능적인 영역인 백엔드가 있습니다. 파이썬은 프론트엔드 개발이 불가능합니다. 프론트엔드 개발은 주로 HTML, CSS 등을 활용하고, 파이썬을 통해 백엔드를 개발하는 방식으로 활용이 가능합니다.

3. 본 책은 어떻게 서술되었는가?

본 책에서는 가장 기본적인 비만도 계산 방법인 신체질량지수BMI: Body Mass Index와 직관적인 그림 예시 등을 주로 이용하여 파이썬의 기본부터 응용까지 서술하였습니다 이와 같은 실생활에서 흔히 볼 수 있는 수치를 활용하면 추상적인 개념들을 보다 쉽고 빠르게 이해할 수 있기 때문입니다. 간단하게 본인의 BMI를 계산하고, 다른 사람의 BMI를 수작업으로 반복적인 입력 없이 입력 및 계산하고, 이를 좀 더 효과적으로 관리할 수 있는 웹 환경을 구축하고, 이메일로 전송하는 시스템을 개발하도록 하겠습니다. 비록 BMI는 객관적인 자료는 아니지만, 실생활에 밀접하면서도 계산 과정이 간단한 좋은 예시이기 때문에 활용하였습니다. 이 과정에서 조금 어려운 단어가 나오더라도, 자신감만 가지고 여러 번 반복하여 익히면 됩니다. 그 어떤 책보다 쉽게 설명되어 있으니까요! 설명 없이 코드를 먼저 입력하고 코드가 무엇인지, 왜 이렇게 작성하는지 파악한 후 단원 끝의 예제를 통해 파이썬을 익히겠습니다.

4.컴퓨터의 구조는 어떻게 되어 있는가?

먼저 컴퓨터의 아주 간단한 구조를 살펴보겠습니다. 컴퓨터의 구조를 먼저 이해하는 것이 프로그래밍을 익히는 데 도움이 되기 때문입니다. 간단하게 컴퓨터는 사람의 몸과 매우 유사합니다. 큐브를 풀기 위해 머릿속으로 생각하고 연산하는 CPU뇌가 있구요, 큐브를 들고 돌리는 행위를 수행하는 주기억장치로 불리는 RAM근육이 있습니다. 컴퓨터로는 쇼핑, 웹 서핑, 검색 등등 다양한 행위가 가능합니다. 컴퓨터는 작업을 수행하면서 보관할 내용을 가방. 즉 보조기억장치HDD 또는 SSD에 넣어둡니다. 이 모든 것들이 작동하려면 Power심장과 전력영양소이 필요합니다. 이를 기억하면 프로그래밍에 대한 이해가 쉽고 추후에 확장하기에도 좋습니다. 다른 예시로 방에서 인형에 눈을 붙이기 위해 어두운 방RAM과 창고HDD, SSD가 있는데, 방에 불을 켜고Power 사람들CPU을 투입하는 것으로 생각해도 되겠습니다. GPU는 대략 시각적인 요소를 처리하는 보조 뇌로 이해하시면 되겠습니다.

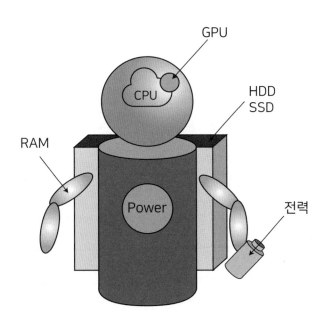

[그림 1-1] 컴퓨터가 작업을 수행하는 과정

5. 정말 누구나 쉽게 하고 싶은 걸 구현할 수 있을까?

충분히 가능합니다. 필자의 경우 인터넷으로 파이썬을 공부하였고 전공, 병렬처리, 업무 자동화 등 분야를 가리지 않고 코딩을 하고 있습니다. 그리 많은 시간을 투자하여 공부한 것도 아닙니다. 교양수업으로 짧게 C언어나 JAVA를 공부한 정도이지요. 끊임없이 노력한다면 얼마든지 가능합니다!

6. 파이썬 설치

1) 윈도우에서의 설치

파이썬은 설치가 매우 쉽습니다. 공식 홈페이지에서 원하는 버전을 내려받으면 끝이며, 매우 가볍고 요구사항이 적어 빠르고 간단하게 설치할 수 있습니다. 공식 홈페이지의 주소는 https://www.python.org이며, 화면 중간의 Download Python 버튼을 통해 내려받을 수 있습니다. 본 책이 작성된 시점의 최신 버전은 3.7.1입니다.

[그림 1-2] 파이썬 공식 홈페이지

다운로드받고 실행한 후, Install Now 버튼을 누릅니다.

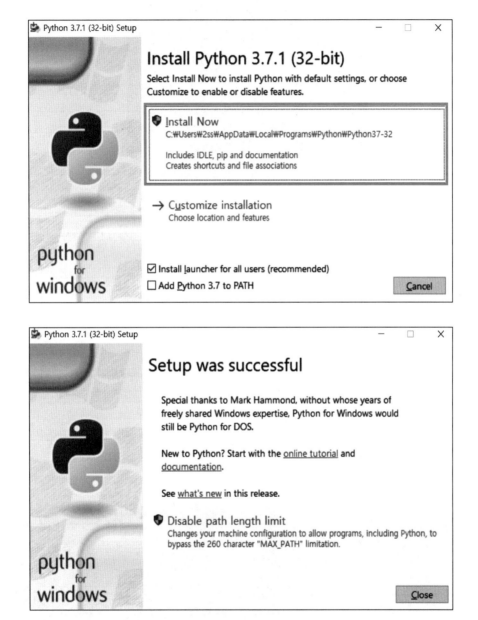

[그림 1-3] 파이썬 설치

설치가 완료되면 파이썬을 실행합니다.

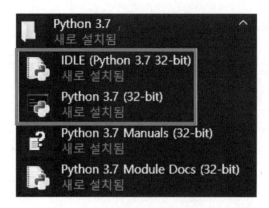

[그림 1-4] 시작 메뉴의 파이썬 단축 아이콘

위와 같이 [시작] - [Python]에서 단축 아이콘을 확인할 수 있습니다. IDLE_{Python} 3.7 32 - bit 와 Python 3.7 32 - bit 를 선택하면 실행할 수 있습니다..

2) 리눅스에서의 설치

리눅스 사용자는 기본적으로 파이썬이 설치되어 있지만, 설치되어 있지 않은 경우, 하단의 명령어를 따라 설치할 수 있습니다. 중간의 버전 부분은 독자가 원하는 버전으로 변경하여 입력하면 됩니다.

입력 전에 파이썬 공식 홈페이지에서 'Python-3.7.1.tgz을 내려받고, 다음과 같은 명령어를 입력합니다.

```
$ tar xvzf Python-3.7.1.tgz
$ cd python-3.7.1
$ ./configure
$ make
$ su -
$ make install
```

[그림 1-5] 리눅스에서 파이썬 설치 방법

3) 통합 개발 환경(IDE) 아나콘다 설치

공식 홈페이지를 통해 설치한 독자들은 파이썬을 실행한 후 매우 실망할 수도 있습니다. 상상과는 달리 인터페이스가 너무 간단하고, 볼품이 없기 때문입니다. 공식 홈페이지에서 제공하는 파이썬 IDE는 매우 간단한 파이썬 기능만을 지원하기 때문입니다. 이번 절에서는 다른 IDE를 설치해 보겠습니다.

아나콘다라는 파이썬 배포 도구를 통해 여러 IDE를 한 번에 설치하고, 작동시킬 수 있습니다. 일종의 통합 관리 도구로 이해하시면 됩니다. 먼저 아나콘다의 공식 홈페이지 https://www.anaconda.com/download/ 로 이동합니다.

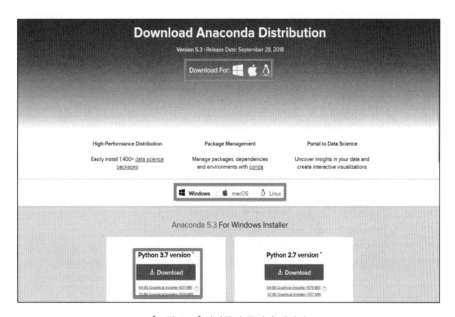

[그림 1-6] 아나콘다 공식 홈페이지

다운로드 페이지를 보면 윈도우, 맥OS, 리눅스용 버전을 구분해 놓았으며, 하단의 다운로드 버튼을 통해 이를 설치할 수 있습니다. 다운로드 버튼을 누르면 자동으로 컴퓨터 환경에 맞는 파이썬 IDE를 설치합니다.

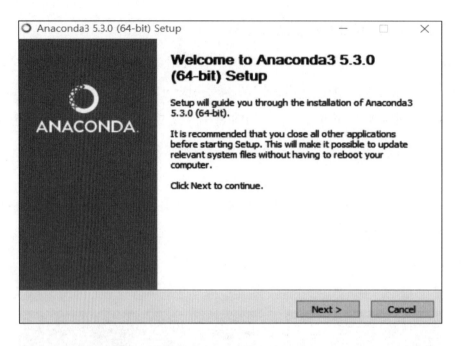

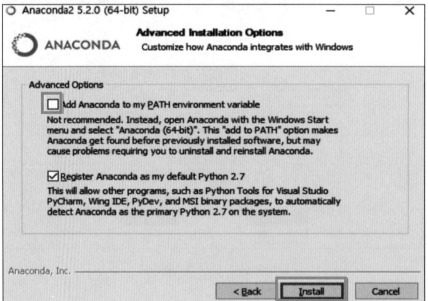

[그림 1-7] 아나콘다 설치

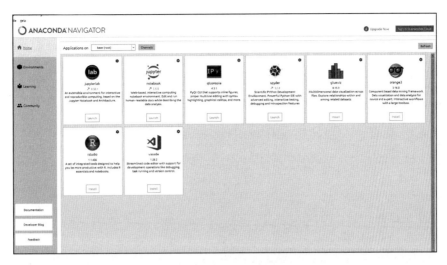

[그림 1-8] 아나콘다 실행 화면

설치가 완료되었습니다. 아나콘다를 실행하면 다양한 IDE를 직관적으로 살펴볼 수 있습니다. 본 책에서는 크게 스파이더 Spyder, 쥬피터 노트북 JupyterNotebook, 이하 노트북, 주피터랩 JupyterLab, 그리고 파이참 Pycharm을 살펴보겠습니다. 각 IDE의 Launch 버튼을 통해 이를 실행시킬 수 있습니다.

(1) 스파이더

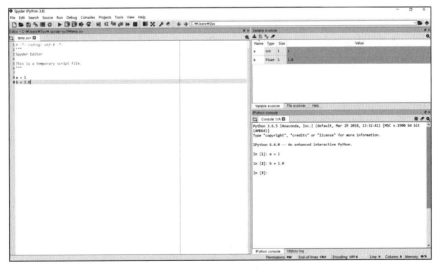

[그림 1-9] 스파이더 실행 화면

스파이더는 크게 세 가지 영역으로 나뉘어 있습니다. 우측 하단은 처음 파이썬을 실행시킨 것과 동일하게 한 줄씩 입력하는 영역이며, 좌측은 사용자가 작성하고자 하는 코드를 입력하고 이를 수행하는 하는 영역입니다. 우측 상단은 입력한 변수와 변수의 값을 확인할 수 있습니다. Matlab 사용자라면 익숙하게 사용할 수 있는 구조라고 보시면 되겠습니다. 어떤 변수가 있고, 변수에 값이 무엇인지를 확인할 수 있는 것이 장점입니다.

(2) 노트북

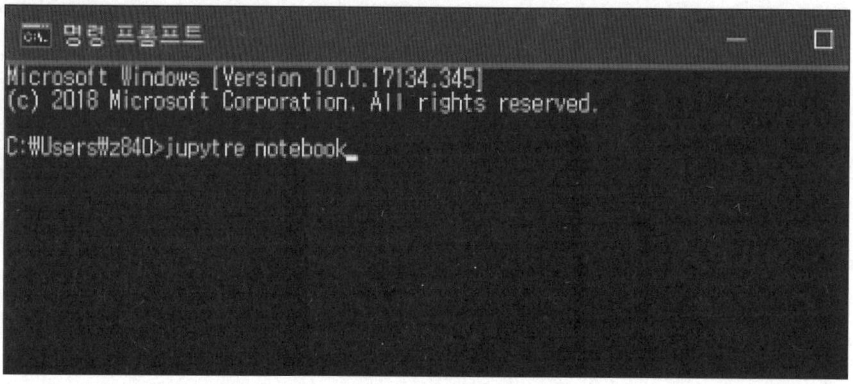

[그림 1-10] 노트북 실행

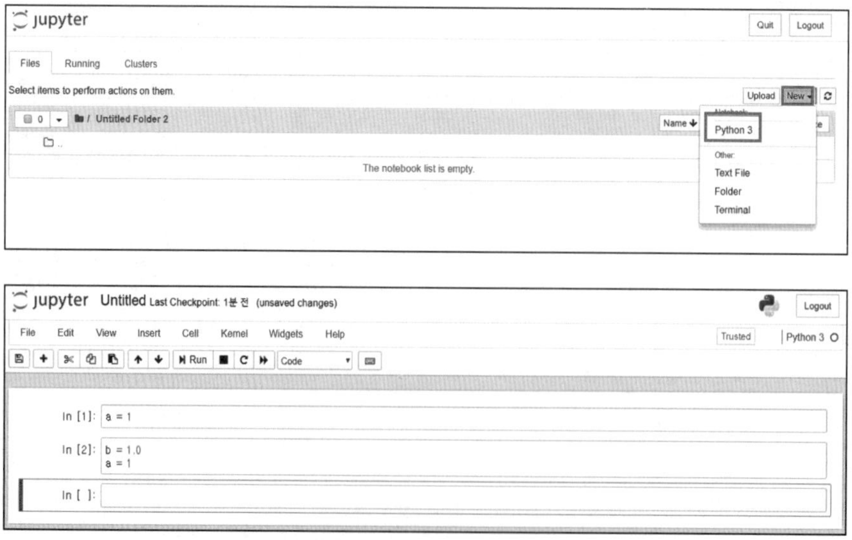

[그림 1-11] 노트북 실행 화면

노트북은 Anaconda Prompt를 통해서도 실행할 수 있습니다. 노트북에서는 상단의 버튼 혹은 단축키를 통해 다양한 작업을 할 수 있습니다. 스파이더에 비해 매우 간편한 인터페이스를 제공합니다. 주된 특징은 여러 줄의 코드를 한 번에 실행시킬 수 있지만, 한 줄 또한 수행이 가능합니다. 다른 칸에 있는 코드라면 순서와 관계없이 실행할 수도 있습니다. 장점은 단순하지만 여러 줄의 코드를 수행할 수 있고, 곧바로 결과물을 확인할 수 있습니다. 또한, 작성된 프로그램 코드를 깃허브 같은 오픈소스 사이트에 결과물을 공유할 수 있어 프로토타입 개발이나 심플한 강의 등에 활용할 수 있습니다.

(3) 주피터랩

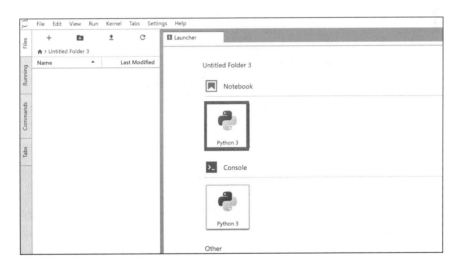

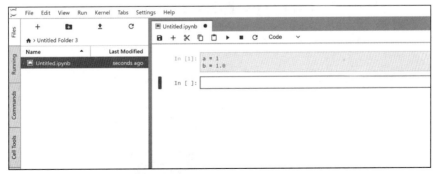

[그림 1-12] 주피터랩 실행 화면

주피터랩은 노트북과 같이 쥬피터 IDE의 업그레이드 버전으로 여러 탭을 이용해야 부가적인 작업이 가능했던 노트북에 비해 하나의 탭에서 여러 작업이 가능한 점이 장점입니다. 다른 폴더나 파일을 확인하거나, 기타 기능을 할 때 편리합니다. 노트북보단 주피터랩에 익숙해지는 것을 권장합니다.

(4) 파이참

파이참은 많은 개발자가 사용하는 비주얼 스튜디오와 가장 유사한 인터페이스를 제공합니다. 기존에 비주얼 스튜디오 혹은 이클립스 등을 사용한 개발자라면 파이참이 편리할 것입니다. 파이참의 공식 홈페이지는 https://www.jetbrains.com/pycharm/입니다.

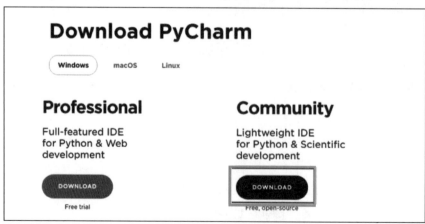

[그림 1-13] 파이참 공식 홈페이지

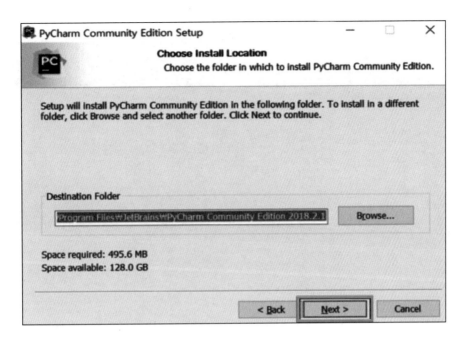

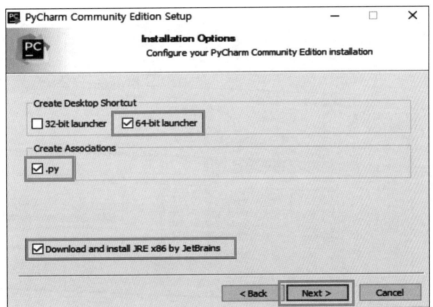

[그림 1-14] 파이참 설치

설치 완료 후, [시작] - [JetBrains]에서 파이참을 실행할 수 있습니다. 추가 언어 설치를 묻지만 필요 없으므로 넘어가면 됩니다.

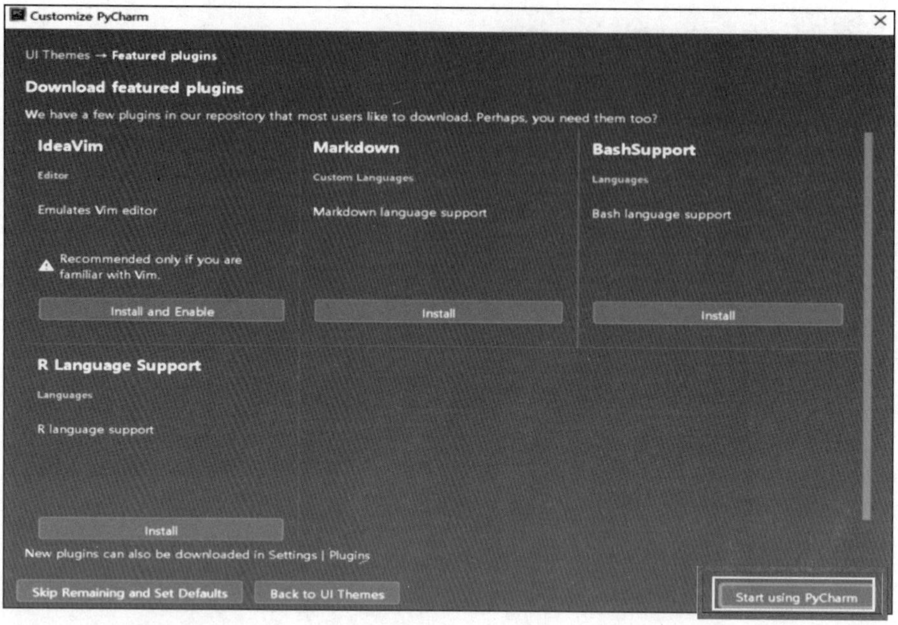

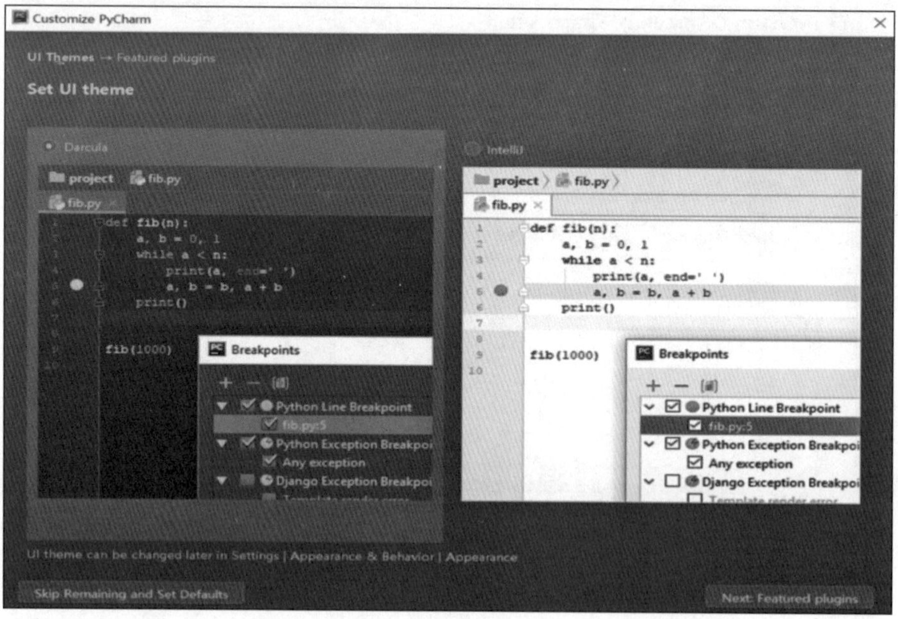

[그림 1-15] 파이참 실행 화면

기본 IDE부터 파이참까지 총 다섯 가지의 IDE를 알아보았습니다. 모두 장단점이 있으며 각자의 선호도에 따라 사용하면 됩니다. 아래의 표는 필자가 생각하는 입문자 기준의 IDE 간 차이점인데, 사용자마다 다를 수 있습니다. 각자 본인에게 가장 편리한 IDE를 선택하시길 바랍니다.

	기본 IDE	스파이더	노트북	주피터랩	파이참
편의성	하	중	중	중상	상
접근성	하	중상	중	중	중상
무게	하	중	중	중	상

02 변수

PYTHON

변수란, 1. 물건을 담아두고, 2. 이름표가 존재하고, 3. 크기와 모양을 정할 수 있는,
4. 상자로 생각하면 되겠습니다.

1. 물건은 간단한 숫자부터 영상, 엑셀 등 다양한 파일로 존재하는 데이터를 의미합니다.
2. 이름표는 사용자가 용이하게 상자를 사용하기 위해 붙인 변수명을 의미합니다.
3. 물건의 종류(데이터형)를 하나로 한정시키기 위해 모양을 정할 수 있습니다.
4. 내 물건들을 쉽게 정리하고 사용할 수 있도록 이를 상자에 넣어 관리합니다.

다른 부분들은 그러려니 싶어도, 크기와 종류를 한정시키는 부분이 아직까지는 낯설 수
있겠습니다. 왜 이러한 과정이 필요한지는 본문에서 배워 보도록 하겠습니다.

❷ 변수

1. 변수의 기본

1) 예제 코드

```
>>> 70/(1.7*1.7)
24.221453287197235
```

70을 1.7의 제곱으로 나눈다.

```
>>> 키 = 1.7
>>> 몸무게 = 70
>>> 키; 몸무게
1.7
70
```

'키' 라는 변수에 값 1.7을 넣는다.

'몸무게' 라는 변수에 값 70을 넣는다.

키를 출력하고, 몸무게도 출력한다.

```
>>> BMI = 몸무게/(키*키); BMI
24.221453287197235
```

몸무게를 키의 제곱으로 나눈다. 이때 연산은 두 변수 내에 내장된 값을 이용한다.

```
>>> 키 = 1.9
>>> 키; BMI
 24.221453287197235
```

키라는 변수에 값 1.7 대신 1.9를 넣는다

'키' 변숫값이 1.9로 변경된 것을 확인하였다. 그러나 'BMI' 변숫값은 그대로이다.

2) 코드 풀이

방금 입력한 코드는 몸무게를 키의 제곱으로 나눠 BMI를 구하는 코드입니다. 모든 프로그래밍 언어는 기본적인 사칙연산을 모두 제공하여, 기본적으로 계산기의 역할은 수행할 수 있습니다. 처음에는 몸무게와 키에 해당하는 70kg과 1.7m의 단위를 떼고 값을 직접 입력하여 사칙연산을 수행하였습니다. 입력을 마치면 파이썬은 즉시 결과를 출력합니다. 2번째는 '키'와 '몸무게' 변수에 값을 담은 후 값이 담긴 변수를 출력해 보았습니다. 이후 변수만을 이용하여 BMI를 구하였으며, 다음에는 변수들의 연산 결과를 'BMI'라는 변수에 담아본 후 'BMI' 변수를 통해 연산 결과를 확인해 보았습니다. 마지막에는 '키' 변수에 다른 값을 입력 후 '키'와 'BMI' 변숫값을 확인하였으며, '키' 변수에 발생한 변화와는 무관한 것을 토대로 'BMI'에는 연산 과정이 아닌, 입력 당시 연산 결괏값이 입력된 것을 확인할 수 있었습니다.

이때, 값을 담아둔 글자를 변수라고 하며, 글자의 이름을 변수명이라 합니다. 변수를 만들고 사용하는 것은 상자_{변수}에 이름표_{변수명}를 붙이고 물건_{데이터}를 담는 과정으로 생각하면 간단하겠습니다.

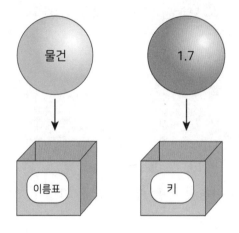

[그림 2-1] 변수명을 통해 변수에 데이터를 입력하는 과정

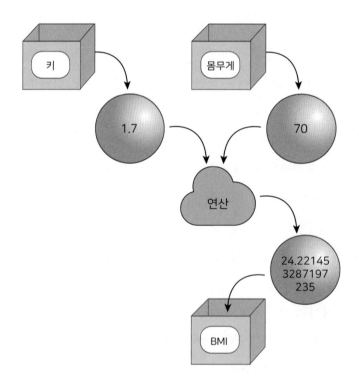

[그림 2-2] 변수를 이용한 연산 및 변수 생성 과정

3) 단원 설명

사실 앞의 예시를 수행했을 때, 변수를 사용하는 것이 그리 편해 보이지는 않습니다. 간단하게 나의 몸무게와 키를 입력하면 되는데 말이지요. 그렇다면 왜 사용하는 것일까요? 왜 군이 상자를 사용하고, 이름표까지 붙일까요? 나 하나의 BMI가 아닌, 가족들의 BMI를 관리한다고 가정해 봅시다. 조금 더 발전시켜 BMI 관리를 하는 프로그램을 근처 사람에게, 더욱 크게 만들어서 헬스 등 건강 관련 업종에 이를 납품한다고 생각해 봅시다. 수백 명 혹은 수십만 명의 BMI를 이 프로그램을 통해 체계적으로 관리하게 되겠지요. 그렇다면 수많은 사람의 BMI를 계산할 때, 입력해 놓은 고객명을 토대로 키와 몸무게, 그리고 BMI의 값을 일일이 찾아오는 것은 매우 비효율적입니다. 이때 변수명을 통해 이를 연결한다면 쉽고 빠르게 고객의 이름만을 가지고 관리할 수 있습니다. 또한, 여행 중에 찍은 사진은 하나의 값이 아닌, 수십만 개의 값을 가지고 있습니다. 이는 당연히 개별의 값들이 아닌, 하나의 변수 내에서 관리될 것입니다.

5	255	13	75	49
54	56	78	98	54
12	53	79	1	3
78	165	189	152	213
147	11	123	156	85

[그림 2-3] 여러 개의 데이터를 한 번에 담은 변수

다시 말해, 변수는 일일이 값을 기억하기 어려울뿐더러 다수의 값을 쉽게 관리하기 위해 사용한다고 생각하면 되겠습니다. 굳이 이 개념을 이해하고 외우지 않더라도, 배우다 보면 자연스레 이해하게 될 테니 추후 명확한 개념을 잡을 때 다시 읽기 바랍니다.

여기서 BMI 계산을 수행할 때 변수명은 꼭 키나 몸무게를 담는다고 해서 변수명을 반드시 키나 몸무게로 지을 필요는 없습니다. 키의 영어 표현인 height 나, 말 그대로 key 혹은 ki를 써도 되겠습니다. 하지만 이 외에 많은 변수를 이용하거나 타인과 협업하는 등의 상황에서 ki나 key를 본다면 절대 사람의 키가 아닌 다른 것을 떠올릴 수 있습니다. 실생활에 비유해 보자면, 자전거 열쇠함에 집 열쇠를 넣고, 집 열쇠함에 자전거 열쇠를 넣는 행위를 하는 것 입니다. 자전거 열쇠함_{변수} 에 있는 집 열쇠_{변숫값} 으로는 자전거 자물쇠를 열지 못하겠지요? 이러한 맥락에서 변수명을 지을 때는 가장 직관적이고 보편적인 단어를 사용하는 편이 좋으며, 변수 사용에 있어 어려움이 없도록 대소문자를 복잡하게 섞는다거나, 구분이 어려운 대문자 I와 소문자 l의 혼용 또한 자제하는 것이 좋습니다.

쉽게 말해, 내가 다시 코드를 보고 수정하는 경우와 협업 및 코드 공유 등의 경우를 생각해서 변수명은 간결하고 일반적인 것을 사용해야 합니다.

```
>>> bMi = 몸무게/(키*키)          #대소문자의 혼용으로 혼란을 주기 쉽다!
>>> IlIIlIlIIl = 몸무게(키*키)     #적기도 어렵고, 남은 물론 본인도 알아볼 수 없다!
>>> Weight = 몸무게/(키*키)        #변수를 재사용하다가 화가 나게 될 것이다!
```

이번에는 자료형에 대해 알아보겠습니다. 자료형이란 컴퓨터에서 한정된 메모리 자원을 효율적으로 사용하기 위해, 그리고 계산 과정이 편하도록 데이터마다 엄격하게 형태를 정해 놓는 것으로 보면 되겠습니다.

조금 쉽게 말하자면 자료형은 상자의 구조와 크기, 재질을 의미합니다. 물건들을 상자에 넣은 후 방 한 칸에 정리한다고 생각해 봅시다. 어떤 상자는 구조상 축구공 10개는 들어갈 크기임에도 불구하고 축구공을 하나만 넣을 수 있고, 어떤 상자는 알맞게 축구공 하나를 담을 수 있는 크기라 생각해 봅시다. 둘 다 축구공을 넣을 수 있는 건 맞지만, 당연히 알맞은 크기의 상자를 이용하는 게 효율적이겠지요? 상자의 재질마다 할 수 있는 행위도 다를 것입니다.

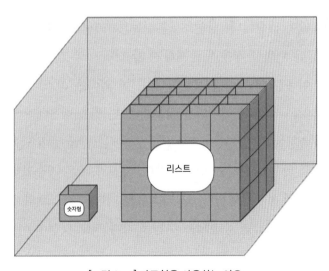

[그림 2-4] 자료형을 사용하는 이유

파이썬 자료형		활용 예시
숫자형	정수형(Int)	한국 주가, 이미지
	실수형(Float)	미국 주가, 좌표
	복소수형(Complex)	실수로 풀 수 없는 수학
문자열(Str)		수가 아닌 문자
리스트(List)		여러 종류의 데이터, 가변성
튜플(Tuple)		여러 종류의 데이터, 불변성
딕셔너리(Dictionary)		키를 통해 정의할 수 있는 데이터
집합		집합 형태의 데이터
Bool		논리연산

각각 간단하게 살펴보도록 하겠습니다. 어차피 뒤에서 다시 상세히 다룰 것이니, 꼭 여기서 모두 파악할 필요는 없습니다. 숫자형은 숫자 값들을, 문자열은 숫자 값 외에 문자들을 나타냅니다. 리스트와 튜플은 여러 데이터를 담아낼 수 있습니다. 하지만 튜플은 이미 입력된 값을 변경할 수 없습니다. 왜 이렇게 불편한 자료형이 존재할까요? 이는 사용하는 데이터의 차이를 생각하면 되겠습니다. 나의 몸무게를 측정하고 난 후 오류가 있는 게 아니라면, 한 번 측정된 몸무게는 절대적으로 변경될 일이 없습니다. 당연히 "홍길동, 2019년 1월 1일, 70kg"와 같은 데이터에서 '70kg'은 변화할 경우가 존재하지 않으며, 이와 같이 가변성이 존재하지 않는 데이터를 이용할 때 튜플을 이용합니다. 이 외에는 리스트를 사용하면 되겠습니다. 딕셔너리는 상자 속 데이터를 찾고자 하면 키를 이용하는 것입니다. 어떠한 딕셔너리 자료형에 키에는 영어 단어, 데이터에는 한글 뜻이 담겨 있다면, 영어 단어를 주면 한글 뜻을 반환하는 구조이지요. 사전과 같은 기능입니다. 집합은 중학교 때 배운 형태의 자료형입니다. 두 리스트를 더하면 리스트의 각 원소 합이 나오겠지만, 두 집합을 더하면 중복되는 수는 하나가 되고 덧셈이 아닌 원소가 자료

형에 들어갑니다. Bool은 논리형 자료형입니다. 논리는 컴퓨터의 가장 기초가 되는 0, 1의 개념을 이용하며, 이는 각각 False ^{거짓}과 True ^참을 각각 의미합니다. 컴퓨터는 이 개념이 엄청나게 모이고 모인 계산기입니다. 각각의 자료형은 뒤에서 다시 살펴보겠습니다.

4) 단원 마무리

> ▪ 핵심
> 데이터값을 값에 맞는 자료형과 이름으로 저장하는 상자로, 공용적인 단어를 쓰는 것이 좋다.

> ▪ 정리
> 데이터를 쉽게 관리하고 재활용하기 위해 변수를 사용한다!
> 상자에 물건들을 넣고 어떠한 물건들이 있는지 이름표를 붙이는 것과 같은 행위
>
> ▪ 사용하는 방법
> 변수명 = 데이터값
>
> ▪ 팁
> 영어의 어순을 생각하면 더 와닿는다.
> Tom's weight is 70kg.
> 톰_몸무게 = 70

숫자형이란, 1. 물건을 담아두고, 2. 이름표가 존재하고, 3. 크기와 모양을 정할
수 있는, 4. 상자로 생각하면 되겠습니다.

1. 여기서 물건은 하나의 숫자로만 표시되는 데이터를 의미합니다.
2. 이름표는 사용자가 용이하게 상자를 사용하기 위해 붙인 변수명을 의미합니다.
3. 효율적인 관리를 위해 물건의 종류^{데이터형}를 지정할 수 있습니다.
4. 내 물건들을 쉽게 정리하고 사용할 수 있도록 이를 상자에 넣어 관리합니다.

1) 예제 코드

```
>>> Complex = 17+1j
```

Complex 변수에 값 17+1j을 입력한다.

```
>>> IntBMI = 17
```

IntBMI에 값 17을 입력한다.

```
>>> FloatBMI = 17.0
```

FloatBMI에 값 17.0을 입력한다.

```
>>> BinaryBMI = ob10001
```

BinaryBMI에 2진수의 10001을 입력하되, 10진수로 환산하여 입력한다.

```
>>> OctalBMI = 0o21
```

OctalBMI에 8진수의 21을 입력하되, 10진수로 환산하여 입력한다.

```
>>> HexadecimalBMI = 0x11
```

HexadecimalBMI에 16진수의 11을 입력하되, 10진수로 환산하여 입력한다.

```
>>> Complex; IntBMI; FloatBMI; OctalBMI; HexadecimalBMI
17+ij
17
17.0
17
17
```

변수들을 출력한다.

```
>>> type(Complex);
<class 'complex'>
>>> type(IntBMI);
<class 'int'>
>>> type(FloatBMI);
<class 'float'>
>>> type(OctalBMI);
<class 'int'>
>>> type(HexadecimalBMI);
<class 'int'>
```

변수들의 자료형이 무엇인지 출력한다.

```
>>> BinaryBMI = bin(17)
```

변수에 10진수 값 17을 2진수로 환산하여 입력한다.

```
>>> OctalBMI = oct(17)
```

변수에 10진수 값 17을 8진수로 환산하여 입력한다.

```
>>> HexadecimalBMI = hex(17)
```

변수에 10진수 값 17을 16진수로 환산하여 입력한다.

```
>>> BinaryBMI; OctalBMI; HexadecimalBMI
 '0b10001'
 '0o21'
 '0x11'
```

10진수의 환산 결과를 확인한다.

```
>>> type(BinaryBMI);
<class 'str'>
>>> type(OctalBMI);
<class 'str'>
>>> type(HexadecimalBMI)
<class 'str'>
```

변수들의 자료형을 출력한다.

이전과는 다르게 int형이 아닌 str형이 출력되었다.

2) 코드 풀이

이번에는 17이라는 BMI 수치를 다양한 입력 방식과 변수명으로 입력해 보았습니다. 이후 type 이라는 함수를 이용해 변수들의 자료형이 무엇인지, 그러니까 출력 상으로는 어떤 class로 분류되는지 확인해 보았습니다. 다음에는 BMI를 일반적인 10진수 개념이 아닌 2진수, 8진수, 16진수로 환산 후 환산 결과 및 자료형을 확인해 보았습니다.

10진수 외의 진수로 입력하면 자동으로 정수형의 10진수로 환산되어 변수에 저장되지만, 각각의 진수로 환산되는 함수를 통해 입력하면 환산되는 해당 진수의 값이 문자열str 자료형으로 저장되는 것을 확인하였습니다. 아마 10진수 이외의 진수들이 실제로 존재하는 자료형은 아닐 것이라는 추측이 떠오를 수 있겠습니다. 정수형인 int 외에 실수형인 float, 그리고 허수가 존재하는 complex까지 확인해 보았습니다.

3) 단원 설명

숫자형의 기본은 정수형입니다. 대부분의 자료가 기본적으로는 정수를 이용하기 때문에 기본이라고 표현하였습니다. 정수형이란, 소숫점 이하 값이 존재하지 않는 수를 의미합니다. 따라서 적합한 데이터는 키와 몸무게보단 번호, 한국의 주식 가격, 영상 등에 적합합니다. 영상에 적합한 것은 앞서 본 리스트 형인데요, 나중에 알아보도록 하겠습니다.

다음은 실수형입니다. 이는 정수형과는 다르게 소수점 이하를 포함한 자료형입니다. 1.0과 같이 정수형의 값과 차이가 없더라도 엄밀히는 차이가 존재하긴 하지만, 값의 크기에는 차이가 없습니다 소수점을 포함하여 표현하는 것은 실수형입니다. 또한, e 혹은 E를 붙여 소수점을 표현하기도 합니다. 이는 컴퓨터에서 지수를 표현하는 방식으로, 컴퓨터가 매우 작거나 큰 수를 표현 할 때, 너무 많은 수를 표현하여 사용자에게 보여 주기 어려울 때 사용하는 것으로 이해하면 되겠습니다.

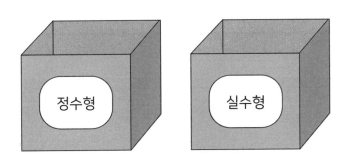

2진수와 8진수, 16진수는 레이더 자료 등 기본적인 컴퓨터나 전자기기 데이터에서 사용됩니다. 이를 bit 단위라고 부르는데, 컴퓨터는 bit 단위로 연산하기 때문에 2의 배수로 구성된, 그중에서도 보편적인 세 종류의 진수가 가장 용이한 단위입니다. 또한, 16진수의 경우 우리가 0부터 9까지 세는 10진수보다 같은 자릿수에 더욱 많은 수를 담아낼 수 있습니다. 파이썬에서는 이를 변수에 담거나, 함수에 넣어 이를 반환합니다. 알고 있으면 좋지만, 기초 단계에서는 꼭 외우거나 할 필요는 없는 개념입니다.

숫자형은 기본적인 사칙연산과 다른 연산자를 이용해 계산을 수행할 수 있습니다. 아래의 예시로 이를 정리해 보도록 하겠습니다.

연산자	기능	예시	결과
+	덧셈	3 + 4	7
−	뺄셈	3 − 4	−1
*	곱셈	3 * 4	12
/	나눗셈	3 / 4	0.75
**	제곱	3 ** 4	81
%	나눗셈 후 나머지 반환	3 % 4	3
//	나눗셈 후 몫 반환	3 // 4	0

자료형	예시	자료형 결과
정수형	17	int
실수형	17.0	float
복소수형	17 + 0j	complex
2진수	0b1001	int
8진수	0o21	int
16진수	0x11	int

4) 단원 마무리

- 핵심

  숫자형은 크게 3종류로 나뉘며, 입력하는 값의 표현 방식에 따라 자동으로 알맞은 자료형이 입력된다.

- 정리

  숫자형에서는 크게 3종류의 자료형을 구분한다.

  이는 메모리를 효율적으로 사용하기 위함이다.

- 사용하는 방법

  실수부(소숫점 이하의 수)의 유무로 정수와 실수를 나누며, 허수의 유무로 복소수형이 구분된다.

문자열이란, 1. 문자만 담을 수 있는 상자로, 2. 문자들만 담을 수 있는 상자를 지칭하며, 3. 숫자를 담되 이 또한 문자열로 담아야 합니다.

1. 문자열은 하나가 여러 문자를 담을 수 있는 상자로

2. 숫자형을 보면 아시겠지만, 문자들만 담을 수 있습니다.

3. 숫자를 담을 수는 있지만, 문자열로 담아야 합니다.

문자열은 따옴표를 통해 데이터가 문자임을 알려주며, 문자열만 담을 수 있기 때문에 숫자를 문자열로 담아야 할 때에는 숫자를 따옴표 내부에 넣으면 되겠습니다.

1) 예제 코드

```
>>> Hello!
  File "<stdin>", line 1
    hello!
         ^
SyntaxError: invalid syntax
```

Hello!를 출력해 봅시다. 출력값을 보면 출력하려던 값은 온데간데없고 이상한 외계어가 가득합니다! 천천히 읽어 보면 1번째 줄에서 '!'가 인식 불가능한 문법으로 인한 오류임을 말하고 있습니다.

SyntaxError : 문법 오류

invalid syntex : 인식할 수 없는 문법, 즉 존재하지 않는 문법

```
>>> Hello
Traceback (most recent call last):
  File "<stdin>", line 1, in <module>
NameError: name 'hello' is not defined
```

문제가 됐던 '!'를 없애고 다시 출력해 봅시다. 출력값을 보면 또 외계어가 가득하지만, 천천히 읽어 보겠습니다.

line 1 : 1번째 줄에 오류 발생

NameError : 이름 오류

name 'hello' is not defined : hello라는 이름은 정의되지 않음

```
>>> "Hello!"
'Hello!'
```

지치지겠만, 쌍따옴표로 둘러싼 후 한 번만 더 출력을 시도해 봅시다. 그러면 정성에 감동하여 드디어 출력된 것을 확인할 수 있습니다!

```
>>> 'Hello!'
'Hello!'
```

쌍따옴표가 아닌 단일 따옴표로 한 번 더 시도해 봅시다. 동일한 값이 출력됩니다.

```
>>> '''
... Hello!
... '''
'\nhello!\n'
```

이번엔 따옴표 3개로 수행해 보겠습니다. '...'가 앞에 찍히고 있습니다. 이것은 코드 입력을 계속해서 진행하라는 의미입니다. >>>와 ...은 IDE에 따라 다르게 나타날 수도 있습니다. >>>는 첫 번째로 입력하는 줄, ...는 이어서 입력하는 줄로 파

악하여 독자가 선택한 IDE에 맞게 사용하면 되겠습니다.

\n 또한 IDE에 다르게 나타날 수 있으나, 이는 한 줄 내려서 쓴다는 의미입니다.

```
>>> A = "Hello World!"
```

문자열을 변수에 입력해 보겠습니다.

```
>>> A
'Hello Wolrd!'
```

변수에 문자열을 입력하고, 변수를 통해 다시 문자열을 출력할 수 있음을 확인했습니다.

```
>>> A[1]
'e'
```

1번째 글자를 출력해 보겠습니다. 파이썬은 변수[n]의 방식으로 n번째 글자를 가져올 수 있습니다. 하지만 출력값을 보면 1번째가 아닌 2번째 글자가 출력되었습니다.

```
>>> A[0]
'H'
```

0을 넣음으로써 1번째 글자가 출력된 것을 확인하였습니다. 사실 파이썬은 변수[n]의 방식으로, n+1번째 글자를 가져올 수 있습니다. 0을 넣어야 1번째, 1을 넣어야 2번째를 가져오는 것이지요. 이는 인간과 기계가 인식하는 숫자의 차이입니다. 기계에 있어서 첫 번째, 가장 작은 숫자는 0입니다. 인간은 1이 첫 번째 숫자이지요. 따라서 파이썬을 비롯한 프로그래밍을 수행할 때는 0부터 세는 습관을 들이면 좋겠습니다.

```
>>> A[0:4]
Hell
```

:는 ~을 의미합니다. Hello를 출력해 봅시다. Hell이 출력되었습니다.

숫자 n, m이 있을 때, n:m는 [n, m)을 의미합니다. 즉 n에서부터 m은 포함하지 않는 범위를 말합니다. 0:4이므로 A 변수에 저장된 문자열의 1번째 문자에서 다섯 번째 문자 이전 4번째 문자까지 출력된 것을 볼 수 있습니다.

```
>>> A[0:5]
 Hello
```

1을 증가시킨 후 출력해 보겠습니다. 올바르게 출력되었습니다.

```
>>> A[1:]; A[:4]
 ello
 Hell
```

':'의 앞뒤에 숫자를 표시하지 않음으로써, n부터 끝까지 혹은 처음부터 n까지 슬라이싱을 할 수 있습니다.

```
>>> A.find(Hello)
 Traceback (most recent call last):
   File "<stdin>", line 1, in <module>
 NameError: name 'Hello' is not defined
```

이번에는 find 메소드를 이용해 보겠습니다. 그런데 오류가 발생했습니다. Hello에 따옴표를 씌워 주지 않았기 존재하지 않는 변수에 메소드를 수행한 것이기 때문입니다. 문자열을 이용할 때 실수를 방지하고자 고의적인 실수를 넣어 봤습니다.

```
>>> Hello = 'Hello'
>>> A.find(Hello)
 0
```

Hello라는 변수에 "Hello"라는 문자열을 입력하고, 그 후 A 변수에 대해 Hello 변수에 입력된 문자열을 찾는 find 메소드를 수행하였습니다. 그 결과 0이 출력되었습니다. A 변수에서 Hello 변수에 저장된 문자열의 시작 위치를 알 수 있습니다.

```
>>> Hello = 'Hell'
>>> A.find(Hello)
 0
```

```
>>> Hello = 'Hel'
>>> A.find(Hello)
 0
```

```
>>> find_var = 'e'
>>> A.find(find_var)
 1
```

```
>>> find_var = 'l'
>>> A.find(find_var)
 2
```

위의 예시들을 설명하지 않아도 결괏값을 통해 find 메소드의 기능의 역할을 추측할 수 있겠습니다. 'Hello', 'Hell', 'Hel'과 'l'을 찾을 때, 문자열이 변경되거나 중복되더라도 찾고자 하는 문자열이 최초에 나타나는 위치를 반환하는 기능을 수행합니다.

2) 코드 설명

이번에는 BMI와 관련되지는 않았지만, 문자열을 어떻게 입력하는지와 문자열 변수의 자릿수, 그리고 find라는 문자열 관련 메소드를 사용해 보았습니다. 문자열은 따옴표와 쌍따옴표, 그리고 이를 3개씩 사용하여 입력할 수 있었습니다. find 메소드는 문자열 메소드 중 하나로 어떠한 문자열이 언제 처음 나타나는지 확인하는 메소드입니다. 그리고 변수명[n]을 통해 문자열은 하나의 값이지만, 여러 개의 공간을 가지는 것을 확인하였습니다. 또한, 1번째 자리는 1이 아닌 0임을 확인하였습니다. 이는 숫자의 시작이 0이기 때문으로 이해하면 되겠습니다. '~'와 같은 의미를 가진 ':'를 이용하여 원하는 문자열을 잘라내어 표현할 수 있다는 것 또한 보았습니다. 이때 1번째 글자의 자리는 0이니, 4를 입력하면 끝까지 표현할 수 있겠죠? 하지만 예상과는 달랐습니다. 끝자리는 원래 자릿수인 5를 입력해야 했습니다. 이는 기본적인 자릿수와 잘라낼 때의 자릿수 개념이 다르기 때문입니다.

3) 단원 설명

문자열은 말 그대로 문자를 표현하기 위한 자료형입니다. 문자열과 숫자형을 섞어 쓰는 방법도 있지만, 연산자나 기법을 이용하지 않으면 섞어 쓸 수 없습니다. 정성에 감동한 것이 아니라 기본적으로 다음과 같은 방법 4가지를 통해 문자열을 입력할 수 있으며 반환하는 값은 동일하다. 표현 방식이 4가지인 것은 영어를 사용하거나 인용구 등의 문자를 입력하는 경우에 'They're', "I sad "blabla""와 같은 경우처럼 문자열 안에 따옴표를 이용하는 경우가 있고, 적는 것 앞서 배운 상자의 용량 때문에 한 줄일 때와 여러 줄을 사용할 때의 차이로 생각하면 되겠습니다.

```
>>> 입력 방식 1 = '"따옴표로 문자열임을 알리고, 쌍따옴표로 말하는 중입니다."'
>>> 입력 방식 2 = "'쌍따옴표로 문자열임을 알리고, 따옴표로 생각하는 중입니다.'"
>>> 입력 방식 3 = '''
... 그는 생각했다
... '어라 따옴표를 3개씩 쓰니, 1개를 쓸 수 있네?'
... '''
>>> 입력 방식4 = """
... 그렇다면
... "이렇게 말할 수도"
```

```
... '이렇게 생각할 수도 있겠구나!'
... """
>>> print(입력 방식1)
 hi
>>> print(입력 방식2)
 hi
>>> print(입력 방식3)
 그는 생각했다.
 '어라 따옴표를 3개씩 쓰니, 1개를 쓸 수 있네?'
>>> print(입력 방식4)
 그렇다면
 "이렇게 말할 수도"
 '이렇게 생각할 수도 있겠구나!'
```

변수를 상자라 비유하였는데, 좀 더 엄밀히 말하면 칸이 나눠진 상자로 볼 수 있
겠습니다. 문자 하나당 칸 하나에 들어갑니다. 변수명[n]의 n을 통해 상자의 n번째

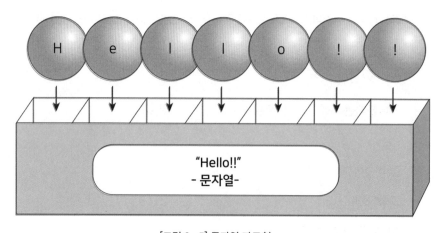

[그림 2-5] 문자열 자료형

칸에 접근할 수 있습니다. 한 가지 명심해야 하는건, 파이썬은 1번째 자리를 가장 1번째 숫자인 0으로 인식하므로 항상 접근할 수의 −1을 해야 합니다.

ex) "Hello!!" 문자열에서 사람의 기준으로 2번째인 e에 접근할 때 : "Hello!!"[1]

문자열은 앞에서 배운 연산자를 통해 문자열끼리 더하거나 문자열과 수를 곱할 수 있다. 문자열을 더하는 것은 문자열들을 연결하는 행위, 문자열과 수를 곱하는 것은 문자열을 반복하는 행위입니다.

```
>>> A = "안녕"
>>> B = "하세요"
>>> A+B
'안녕하세요'
>>> "*" * 5
'*****'
```

문자열엔 수를 통해 문자열을 다루는 인덱싱과 슬라이싱이라는 개념이 존재합니다. 각각 단어 그대로 [n]의 방법으로 문자열의 한 자릿값을 참고하는 것과, 문자열을 일정 자릿수까지 자르는 개념입니다. [n:m]의 방법을 통해 한 번에 여러 칸을 인덱싱하는 개념을 슬라이싱으로 이해하면 되겠으며, 이는 날짜만 다른 여러 파일을 다루는 등에 사용합니다.

ex) 20180901.txt이라는 파일명의 년, 월, 일, 포맷을 분리하여 저장할 때

```
>>> A = "20180901.txt"
>>> B = "20180902.txt"
>>> "이 파일은 " + A["4] + "년 " + A[4:6] + "월 " + A[6:8] + "일에
만들어진 " + A[9:] + " 포맷의 파일입니다.
'이 파일은 2018년 09월 01일에 만들어진 txt 포맷의 파일입니다.'
>>> "이 파일은 %s년 %s월 %s일에 만들어진 %s 포맷의 파일입니다." %(A[:4],
A[4:6], A[6:8], A[9:])
'이 파일은 2018년 09월 01일에 만들어진 txt 포맷의 파일입니다.'
```

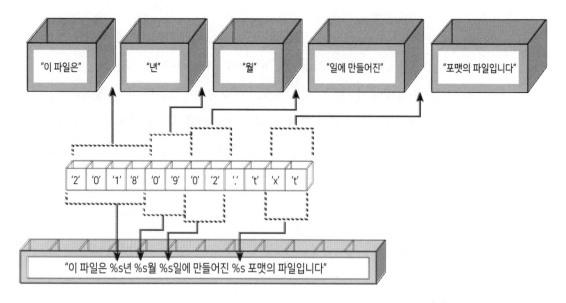

[그림 2-6] 포매팅과 슬라이싱의 차이

%를 이용하여 출력할 수도 있습니다. 이를 포매팅이라 하는데, 문자열 중간중간에 변수를 넣으면 추후에 코드를 확인하고 편집할 때 다소 불편할 수 있습니다. 따라서 포매팅 문자를 삽입해 놓은 뒤, 마지막에 다시 변수들만 한꺼번에 입력해 주는 방식입니다.

입력 방법	설명	특징
'문자열'	한 줄의 문자열 입력 가능	문자열 내에서 따옴표 사용 불가능
"문자열"	한 줄의 문자열 입력 가능	문자열 내에서 쌍따옴표 사용 불가능
''' 문자열 '''	여러 줄의 문자열 입력 가능	문자열 내에서 따옴표 3연속 사용 불가능
""" 문자열 """	여러 줄의 문자열 입력 가능	문자열 내에서 쌍따옴표 3연속 사용 불가능

기능	설명	방법	예시	결과
인덱싱	문자열 요소 지정 가능	대괄호를 통해 하나의 수(값)만 지정 n+1번째를 가리킴	`"ABC"[1]`	`'B'`
슬라이싱	여러 문자열 지정 및 잘라내기 가능	대괄호와 콜론(:)을 통해 여러 수(값)를 지정 n+1번째부터 m-1번째까지의 값들을 가리킴	`"ABC"[1:3]`	`'BC'`

코드	설명	예시	결과
%d	정수	`"%d" %17`	`'17'`
%f	부동소수	`"%f" %17`	`'17.000000'`
%o	8진수	`"%o" %17`	`'21'`
%x	16진수	`"%x" %17`	`'11'`
%c	1개의 문자	`"%c" %'a'`	`'a'`
%s	문자열	`"%s" %'aaa'`	`'aaa'`

메소드명	기능	예시	결과
join	문자열 삽입	`','.join("1234")`	`'1,2,3,4'`
replace	문자열 변경	`"ABCD".replace("BCD","AAA")`	`'AAAA'`
split	문자열 나누기	`"A B C D".split()`	`['A', 'B', 'C', 'D']`

count	문자 개수 세기	`'AABC'.count('A')`	2
find	위치 알림	`'AABC'.find('A')`	0
index	위치 알림	`'AABC'.index('A')`	0
upper	대문자화	`'aBcD'.upper()`	`'ABCD'`
lower	소문자화	`'aBcD'.lower()`	`'abcd'`
lstrip	좌측 공백 삭제	`' ab cd '.lstrip()`	`'ab cd '`
rstrip	우측 공백 삭제	`' ab cd '.rstrip()`	`' ab cd'`
strip	좌우측 공백 삭제	`' ab cd '.strip()`	`'ab cd'`

4) 단원 마무리

- **핵심**

  문자열은 문자를 나타내는 자료형으로 차원을 가진다.

- **정리**

  문자를 입출력하기 위해서는 문자열이라는 자료형을 이용한다.
  또한, 일종의 1차원 배열로서 차원을 가진다.

- **사용하는 방법**

  따옴표 속에 문자를 입력하면 되며, 배열은 0부터 센다.
  A = "ABCDE"
  A[0] == "A"

리스트 자료형은, 1. 앞의 자료형과는 다르게 여러 개의 물건을 담을 수 있으며, 2. 앞의 자료형과는 다르게 여러 종류의 물건을 담을 수 있습니다. 3. 행렬 혹은 엑셀 구조를 가진다고 생각해도 되겠습니다.

1. 무수히 많은 물건을 상자에 담을 수 있습니다.

2. 자료형이 동일하지 않아도 모두 넣을 수 있습니다.

3. 단순히는 행렬, 나아가서 엑셀처럼 생겼고 시트 개념까지 존재한다고 보면 되겠습니다.

한 묶음의 여러 개의 물건이 각각의 변수에 담겨 관리된다면 이는 매우 비효율적일 것입니다. 이를 해소하기 위해 파이썬에서는 리스트라는 자료형을 이용하며, 엑셀과 동일하므로 엑셀에서 관리하는 모든 것들을 본 데이터형에서 이용할 수 있다고 보면 되겠습니다.

1) 예제 코드

```
>>> 나의_정보 = ['홍길동', 56, 167]
>>> 나의_정보
['홍길동', 56, 167]
```

리스트 자료형에 데이터를 입력 후 출력해 봅니다. 입력한 값들이 그대로 출력되었습니다.

나의_정보 변수에 있는 1번째 값을 꺼내고자 문자열처럼 1을 넣어 인덱싱을 수행하니 2번째 값이 출력된 것을 확인할 수 있습니다. 1을 뺀 값인 0을 입력하니 1번째 값이 출력된 것을 확인할 수 있습니다. 리스트도 문자열과 같이 0번째부터 헤아리는 것을 확인할 수 있습니다. 리스트의 인덱싱은 반점을 기점으로 공간이 나뉘는 것이 차이점이겠네요.

```
>>> 나의_정보[1:2]
 56
>>> 나의_정보[1:3]; 나의_정보[1:]
 [56, 169]
 [56, 169]
>>> 나의_정보[:]; 나의_정보[:2]
 ['홍길동', 56, 169]
 ['홍길동', 56]
```

슬라이싱도 수행해 보겠습니다. 인덱싱과 마찬가지로 문자열의 슬라이싱과 완전히 일치하는 것을 확인할 수 있습니다.

```
>>> 나의_정보[1] = 59; 나의_정보
 ['홍길동', 59, 169]
```

몸무게가 늘어났다는 가정으로 입력 후, 값을 다시 출력해 보았습니다. 인덱싱을 통해 값을 수정하였고, 몸무게가 위치하는 2번째 값이 변경된 것을 확인할 수 있습니다.

```
>>> 나의_정보_2월 = 나의_정보
>>> 나의_정보_1월 = ['홍길동, 56, 169]
>>> 나의_정보_2개월 = [나의_정보_1월, 나의_정보,2월]; 나의_정보_2개월
 [['홍길동',56,169],['홍길동',59.169]]
```

변경된 몸무게를 2월의 몸무게라 가정하고 입력하고, 이전의 정보를 1월로 만들어 보겠습니다. 리스트로 된 홍길동 씨의 정보를 다시 리스트에 넣은 후 출력해 보았습니다. 양 끝에 대괄호와 리스트 사이에 반점이 추가되어 출력되는 것을 확인할 수 있습니다.

```
>>> 나의_정보_2개월[0]
['홍길동', 56, 169]
>>> 나의_정보_2개월[0][0][1]
길
>>> 나의_정보_2개월[0][1]
56
```

리스트의 0행 _{사람 기준 1행}을 해보면 1번째 줄이 모두 출력됨을 확인할 수 있습니다. 인덱싱을 추가하여 리스트의 0행 1열을 출력해 보면 0행 1열에 해당하는 값이 출력됨을 확인할 수 있습니다.

2) 코드 설명

앞서 배운 자료형들과는 다르게 대괄호로 여러 가지 값을 하나의 변수에 입력하였습니다. 문자열과 똑같이 차원 개념을 가지는데, '홍길동' 출력을 통해 하나씩 잘라내는 것이 아닌, 반점을 기준으로 해당 자리에 존재하는 값의 전체를 인식하는 것을 확인하였습니다. 이를 토대로 보았을 때, 슬라이싱 또한 유사하게 작동하는 것을 확인할 수 있었습니다. 리스트 차원의 내부에 바로 접근하여 값을 변경해 보았습니다. 이후에는 리스트를 2차원으로 배치하여 시계열적인 변화를 확인할 수 있도록 구성하였고, 2차원 리스트의 인덱싱을 수행해 보았습니다.

3) 단원 설명

리스트는 직관적으로, 리스트 변수 하나가 하나의 엑셀 파일입니다. 상황에 따라서 1차원 리스트 ^{행은 하나이지만 열이 여러 개,} ["홍길동", 56]를 사용하기도 하겠지만 경우에 따라 2차원 리스트[["홍길동", 56], ["홍길동, 59]] 혹은 3차원, 그 이상의 고차원 리스트를 사용하기도 합니다. 직관적으로 보자면 1차원 리스트는 하나의 행에만 데이터가 존재하는 엑셀 파일, 2차원 리스트는 여러 행과 열에 데이터가 존재하는 엑셀 파일, 3차원 리스트는 여러 시트로 이루어진 엑셀 파일로 이해하면 되겠습니다.

상자로 예시를 들면 다양한 값을 상자 내에 칸을 나눠서 칸마다 넣는 개념으로 보면 되겠습니다. 숫자 자료형은 상자가 한 칸이어서 상자 하나에 값을 하나밖에 넣지 못하였고, 문자열은 여러 칸을 가질 수 있었지만, 칸 하나에 문자 하나만 넣을 수 있었습니다.

리스트는 문자열에서 기능이 확대된 자료형으로 생각하면 되겠습니다. 한 칸에 숫자든 문자열이든, 문자열의 길이가 길든 하나를 통째로 넣을 수 있으며, 무려 변수까지 저장할 수 있습니다. 무엇이든 얼마든지 칸을 늘려 저장할 수 있고, 층까지 나눌 수 있는 상자인 셈입니다.

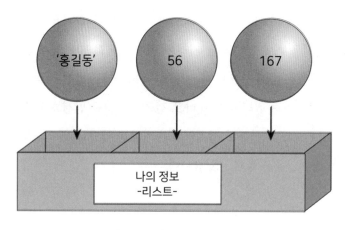

[그림 2-7] 리스트 자료형

BMI에선 2차원으로 이름, 키, 몸무게를 담으면 여러 사람의 BMI를 관리할 수 있습니다. 이를 3차원으로 관리하면 날짜에 따른 키와 는 사실 의미없지만, 몸무게를 담아내어 지속적인 관리가 가능할 것입니다.

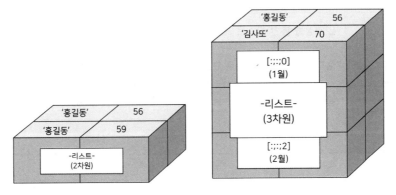

[그림 2-8] 2차원 리스트와 3차원 리스트의 차이

입력 방법	설명	특징
[0,1,2]	1차원 리스트	한 종류의 데이터를 주로 표현
[[0,1,2], [4,5,6]]	2차원 리스트	여러 종류의 데이터, 혹은 2차원 영상 등을 주로 표현
[[[0,1,2], [4,5,6]], [[1,2,3], [4,5,6]]]	3차원 리스트	시계열, 3차원 데이터 등을 주로 표현

기능	설명	방법	결과
인덱싱	리스트 내 요소 지정 가능	A = [[1,2],[3,4]] A[0] A[0][0]	[1,2] [1]
슬라이싱	리스트 내 잘라내기 가능	A = [[1,2],[3,4]] A[0:1] A[0:1][0:1]	[[1,2]] [[1,2]]

연산자	설명	예시	결과
+	덧셈	[1,2] + [2,3]	[1,2,2,3]
*	곱셈	[1,2] * 2	[1,2,1,2]

a = [1,2,3]	내용	결과
a[1] = 0	인덱싱을 통한 리스트 요소 수정	[1,0,3]
a[1:2] =[4,5,6]	슬라이싱을 통한 리스트 요소 수정	[1,4,5,6,3]
a[1:3] = [ ]	슬라이싱을 통한 리스트 요소 삭제	[1,6,3]
del a[1]	del 명령어를 통한 리스트 요소 삭제	[1,3]

함수	기능	예시	결과
append()	가장 뒤에 요소 추가	[1,2].append(3)	[1,2,3]
sort()	오름차순으로 리스트 정렬	[3,2,1].sort()	[1,2,3]
reverse()	리스트 순서 역전	[3,2,1].reverse()	[1,2,3]
index()	요소 위치 반환	[1,2,3].index(1)	0
insert()	원하는 위치에 요소 삽입	[1,3].insert(1,2)	[1,2,3]
remove()	값을 이용한 요소 삭제	[1.2.3].remove(2)	[1,3]
pop()	인덱스를 이용한 요소 반환 및 삭제	[1,2,3].pop(2)	1
count()	리스트 내 요소 개수 반환	[1,2,3,2].count(2)	2
extend()	리스트 연결	[1,2,3].extend([2,3]	[1,2,3,2,3]

4) 단원 마무리

- 핵심
  리스트는 여러 데이터를 담을 수 있으며, 차원의 개념을 가진다.

- 정리
  여러 데이터를 담기 위해선 리스트를 사용하여야 한다.
  리스트는 차원의 개념을 가지며, 행렬이나 엑셀과 동일한 구조이다.

- 사용 방법
  대괄호 속에 원하는 자료를 입력하면 되며, 배열은 0부터 센다.
  A = ['ABCDE', 1, 2, 3]
  >>> A[0]
  'ABCDE'
  >>> A[0][1]
  'B'

5. 튜플

튜플 자료형은 1. 리스트와 비슷하지만, 2. 한번 물건을 담았던 자리에 다른 물건으로 대체하는 행위 등은 불가능합니다. 3. 이는 문화적 차이에 기인합니다.

1. 무수히 많은 물건을 상자에 담을 수 있습니다.
2. 하지만 변수에 쌓인 데이터를 변경할 수는 없습니다.
3. 이는 굳이 변경할 가능성이 존재하지 않는 데이터를 사용할 때 튜플을 사용하기 때문입니다.

문화적 차이로 인해 새로운 자료형이 존재하는 것이 이해되지 않을 수 있겠습니다만, 누군가 이를 눈치채지 못하고 자료를 바꾸어 버린다면 시스템에 치명적일 수 있겠습니다. 예를 들어 청와대와 같은 중요한 기관의 GPS 데이터를 바꾸는 등, 이런 맥락을 참고하시면 되겠습니다.

1) 예제 코드

(1) 예제 코드

```
>>> 나의_정보 = ('홍길동', 56,167)
>>> 나의_정보
('홍길동', 56,167)
```

튜플 자료형에 데이터를 입력 후 출력해 봅니다. 입력한 값들이 그대로 출력된 것을 확인할 수 있습니다.

```
>>> 나의_정보[1]
 56
>>> 나의_정보[0]
 '홍길동'
>>> 나의_정보[1:3]; 나의_정보[1:]
 [56, 169]
 [56, 169]
```

튜플도 문자열이나 리스트와 같이 인덱싱이 가능하며, 인덱싱 방식 또한 동일합니다. 슬라이싱 또한 마찬가지입니다.

```
>>> 나의_정보[1] = 59;
 Traceback (most recent call last):
   File "<stdin>", line 1, in <module>
 TypeError: 'tuple' object does not support item assignment
```

TypeError : 자료형에 따른 오류 발생

'tuple' object does not support item assignment : 튜플 객체는 요소 배치 불가능

튜플의 요소는 변경할 수 없다는 것을 확인할 수 있었습니다. 문자열이나 리스트와 대부분 동일하지만, 튜플은 한 번 저장된 자리의 값에 대한 수정이 불가능합니다.

```
>>> 나의_정보_2월 = ('홍길동', 59, 169)
>>> 나의_정보_1월 = ('홍길동, 56, 169)
>>> 나의_정보_2개월 = (나의_정보_1월, 나의_정보_2월); 나의_정보_2개월
>>> 나의_정보_2개월
(('홍길동',56,169),('홍길동,59.169))
```

변경된 몸무게를 2월의 몸무게라 가정하고 입력하고, 이전의 정보를 1월로 만들어 보겠습니다. 그 후 튜플을 2차원 튜플로 구성하여 출력해 봤습니다. 그 결과 2차원 튜플이 출력됨을 확인하였습니다.

```
>>> 나의_정보_2개월 = [나의_정보_1월, 나의_정보_2월]
>>> 나의_정보_2개월
[('홍길동',56,169),('홍길동,59.169)]
```

튜플을 리스트에 넣어 보겠습니다.

리스트에 튜플이 삽입된 것을 확인하였습니다.

```
>>> 나의_정보_2개월[0][1]
56
```

리스트와 동일하게 출력해 보겠습니다. 동일한 값이 출력됨을 확인하였습니다.

2) 코드 풀이

이번 코드는 상세한 설명이 필요 없을 것 같습니다. 앞서 짧게 설명했던 차이점으로 튜플은 한 번 저장된 자리의 데이터는 변경할 수 없습니다. 따라서 새로운 값을 입력하기 위해서는 완전히 튜플을 새로 만들어 입력하는 방법밖에 없습니다. 이 외의 기능들은 완전히 리스트와 동일한 것을 파악할 수 있었습니다.

3) 단원 설명

튜플은 리스트와 동일하나 수정이 불가능하다고 하였습니다. 또한, 사용자가 사용할 때 구분이 있어야 하기에 표현 방법이 조금 다릅니다. 수정이 불가능한 부분은 앞서 설명하였듯, 일종의 진리 혹은 참과 같은 데이터를 이용함을 의미합니다. 튜플은 한번 저장된 자리에 대해서는 수정이 불가능하지만, 저장되지 않은 자리에 새롭게 데이터를 저장하는 것은 가능합니다. 참 데이터를 빠뜨린 경우 뒷부분에 삽입은 가능한 것입니다. 튜플 내 데이터를 편집하고 싶다면 리스트로 복사하여 편집 후 다시 새로운 튜플을 만들면 됩니다. 이는 관련 메소드를 이용하면 됩니다만, 그런 일이 있을까요? 국가의 지리적 정보가 담긴 튜플이 있다고 생각해 봅시다. 전쟁이 일어나지 않는 이상 변화가 없을 것이니 튜플로 구현하는 것이 알맞습니다. 하지만 아주 드물게, 수도가 이전하거나 행정구역이 편집된다면? 이때는 앞서 설명한 방법으로 튜플을 새로 만드는 것이 적절하겠습니다.

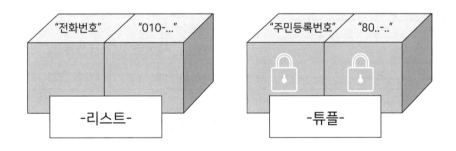

[그림 2-9] 리스트와 튜플의 차이

튜플도 연산이 가능합니다! 하지만 리스트의 연산과는 개념이 다릅니다. 튜플은 수정이 불가능한 데이터이므로, 튜플의 연산은 문자열처럼 연결과 같은 개념으로 보면 되겠습니다. 보통 입문 과정에서는 튜플을 이용할 일도 없고, 번거로워서 사용하지 않게 될 것입니다.

입력 방법	설명	특징
(0,1,2)	1차원 튜플	한 종류의 데이터를 주로 표현
((0,1,2),(4,5,6))	2차원 튜플	여러 종류의 데이터, 혹은 2차원 영상 등을 주로 표현
(((0,1,2),(4,5,6)),((1,2,3),(4,5,6)))	3차원 튜플	시계열, 3차원 데이터 등을 주로 표현

기능	설명	방법	결과
인덱싱	리스트 내 요소 지정 가능	A = ((1,2),(3,4)) A(0) A(0)(0)	(1,2) (1)
슬라이싱	리스트 내 잘라내기 가능	A = ((1,2),(3,4)) A(0:1) A(0:1)(0:1)	((1,2)) ((1,2))

연산자	설명	예시	결과
+	덧셈	(1,2) + (2,3)	(1,2,2,3)
*	곱셈	(1,2) * 2	(1,2,1,2)

함수	기능	예시	결과
Index()	요소 위치 반환	(1,2,3).index(1)	0
count()	리스트 내 요소 개수 반환	(1,2,3,2).count(2)	2
extend()	리스트 연결	(1,2,3).extend((2,3))	(1,2,3,2,3)

4) 단원 마무리

■ 핵심

튜플은 값의 편집이 불가능한, 쉽게 말하면 편집이 불필요한 리스트로 이해하면 쉽다.

■ 정리

불변하는 진리는 튜플에 담으면 된다.
ex) 이전 기록, 사례 등

■ 사용 방법

소괄호 속에 원하는 자료를 입력하면 되며, 배열은 0부터 센다.

```
A = ("ABCDE", 1, 2, 3)
>>> A[0]
"ABCDE"
>>> A[0:3]
"ABCDE", 1, 2
```

6. 딕셔너리

딕셔너리 자료형은, 1. 여러 물건을 담을 수 있는 상자인데, 2. 물건에 이름표를 붙여야 합니다. 3. 이름표와 물건은 일대일로 호환됩니다.

1. 무수히 많은 물건을 상자에 담을 수 있습니다.

2. 다른 자료형들과는 다르게, 대응되는 이름표를 붙인 채로 넣어야 합니다.

3. 이때 이름표는 중복될 수 없으며 이름표와 물건은 반드시 일대일로 호환됩니다.

리스트에 일종의 개인정보를 관리하기 쉽게 담으려면, 개인정보가 담기는 순서가 지켜져야 하며 몇 번째에 무엇이 담겼는지 알아야 합니다. 하지만 딕셔너리를 이용하면 순서를 지키지 않아도, 이름표만 잘 붙이면 자료가 어디에 있어도 쉽게 찾을 수 있습니다.

1) 예제 코드

```
>>> 딕셔너리 = {'Key' : 'Value', '비밀번호' : 1234}
>>> 딕셔너리[0]
 Traceback (most recent call last):
   File "<stdin>", line 1, in <module>
 KeyError: 0
```

딕셔너리 자료형을 입력해 봅시다. 딕셔너리의 0이라는 키에 접근하였을 때, 0이라는 키는 존재하지 않다는 오류가 출력되었습니다.

```
>>> 딕셔너리['Key']; 딕셔너리['비밀번호']
'Value'
1234
```

딕셔너리 입력 때 좌측에 입력한 단어를 입력하였을 때 우측에 입력한 단어가
출력된다는 것을 확인할 수 있습니다.

```
>>> 딕셔너리['Value']; 딕셔너리[1234]
Traceback (most recent call last):
  File "<stdin>", line 1, in <module>
KeyError: 'Value'
Traceback (most recent call last):
  File "<stdin>", line 1, in <module>
KeyError: '1234'
```

반대로 우측의 값을 입력하였을 때 이전과 같이 키가 존재하지 않는다는 오류가
출력되었습니다. 좌측의 값을 키라고 하는 것을 파악할 수 있습니다.

```
>>> 딕셔너리 = {'Key' :}
  File "<stdin>", line 1
    딕셔너리2 = {'키' :}
              ^
SyntaxError: invalid syntax
```

우측의 값은 입력하지 않아 보겠습니다. 오류가 출력되는 것을 확인할 수 있습
니다. 따라서 이는 완전히 잘못된 방법임을 확인하였습니다.

```
>>> 딕셔너리 = {:2}
  File "<stdin>", line 1
    딕셔너리2 = {'키' :}
                      ^
SyntaxError: invalid syntax
```

반대로 수행해보겠습니다. 동일한 오류가 발생하므로 이 또한 잘못된 방법임을 확인하였습니다.

```
>>> 딕셔너리['파이썬'] = '쉽다'
>>> 딕셔너리
{'Key': 'Value', '비밀번호': 1234, '파이썬': '쉽다'}
```

이번에는 처음에 사용했던 방법이 아닌, 새로운 방법으로 딕셔너리에 자료를 입력해 보았습니다. 출력값을 통해 이 방법은 어떤 식으로 딕셔너리 자료형에 자료를 추가하는지 확인할 수 있습니다.

```
>>> 딕셔너리['파이썬'] = '어렵다'
>>> 딕셔너리['C언어'] = '어렵다'
>>> 딕셔너리['리스트'] = [1,2,3]
>>> 딕셔너리[1,2,3] = '리스트2'
>>> 딕셔너리[1] = 3
{'Key': 'Value', '비밀번호': 1234, '파이썬': '어렵다', 'C언어': '어렵다',
'리스트': [1, 2, 3], (1,2,3) : '리스트2', 1: 3}
```

하나의 키가 두 개의 값을 가질 수 있는지, 혹은 두 개의 키가 한 가지 값을 동일하게 가질 수 있는지, 그리고 리스트도 키 혹은 값으로 딕셔너리에 추가할 수 있는지 확인해 보았습니다. 파이썬이라는 키의 값이 쉽다에서 어렵다로 바뀐 것을 토대로 하나의 키가 여러 개의 값을 가질 수 없는 것을 확인할 수 있습니다. 여러 개를 가지고자 할 때는 리스트를 이용하면 되겠습니다.

2) 코드 설명

딕셔너리는 좌측의 값을 토대로 우측의 값을 얻어올 수 있지만, 우측의 값을 토대로 키를 얻어오는 것은 불가능함을 확인하였습니다. 또한, 두 값 중 하나라도 없으면 딕셔너리는 생성할 수 없음을 확인하였습니다. 그리고 에러를 통해 좌측의 값을 키라고 부름을 확인하였고, 하나의 키는 하나의 값 혹은 리스트만 가질 수 있으나 여러 개의 키는 동일한 값을 가질 수 있음을 확인하였습니다.

3) 단원 설명

딕셔너리의 사전적 의미는 사전으로, 본래 사전은 단어를 찾으면 단어에 대한 설명이 일종의 글로 적혀 있습니다. 이를 축약하면 단어와 단어의 뜻이 대응합니다. 파이썬의 딕셔너리는 단어와 단어의 뜻의 대응뿐만 아니라 원하는 형태라면 다양하게 일대일 대응을 시키는 자료형임을 확인하였습니다. 딕셔너리는 좌측에 '키'와 우측에 '값'을 배치하여 '키' 값을 토대로 '값'을 찾는, 결국 단어의 뜻을 찾기 위해 단어를 찾는 것과 같은 이치로 생각하면 되겠습니다. 이로 인해 리스트와 튜플과 달리 차원의 개념으로 는 접근할 수는 없습니다.

이러한 배경을 생각하였을 때 당연히 딕셔너리의 키와 값은 유의미하게 구성하여야 할 것입니다. 'name'과 '이승현', '키'와 '170'은 유의미한 대응이지만, 반대

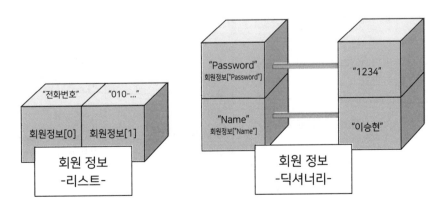

[그림 2-10] 딕셔너리와 리스트의 차이

로 하였을 때 '이승현'을 토대로 'name'의 의미는 얻어올 이유가 없습니다. 하지만, '이승현' : '사원'은 어떨까요? 사내에서 직원의 이름에 따라 직급을 조회할 수 있습니다. 주된 것과 주된 것의 정보의 상관관계를 잘 분석하여 딕셔너리를 구성하면, 이는 효율적인 데이터가 될 것입니다.

사실 딕셔너리는 연산도 가능합니다. 왜일까요? 우리는 키를 통해 접근하고, 이후에는 키에 상응하는 값을 반환받기 때문입니다. 한마디로 값의 자료형이 일치하고, 해당 자료형이 지원하는 연산은 모두 가능하다고 보면 되겠습니다. 정수형과 실수형이라면 사칙연산을 비롯한 연산들이 가능하겠지요?

입력 방법	설명	특징
a = {'Key' : 'Value'}	딕셔너리 생성 및 입력	최초 생성 시 사용
a['Key2'] = 'Value'	딕셔너리 추가 입력	최초 생성 이후 추가 입력 시 사용

기능	설명	방법	결과
인덱싱	딕셔너리 내 값 획득 가능	a['Key']	'Value'

연산자	설명	예시	결과
자료형마다 다름	각각의 자료형에 나오는 연산자 기능들을 확인하자.	-	-

함수	기능	예시	결과
keys	딕셔너리의 키들을 객체로 반환	a.keys()	dict_keys(['Key', 'Key2'])
values	딕셔너리의 값들을 객체로 반환	a.values()	dict_values(['Value', Value'])

items	딕셔너리의 키와 값 세트를 튜플로 묶은 후 객체로 반환	`a.items()`	`dict_`
			`items([('Key',`
			`'Value'),`
			`('Key2',`
			`'Value')])`

get	딕셔너리 키에 대응되는 값을 반환,
	존재하 않는 키에 대해서는 'None'을 반환하는 것이 특징 1 혹은 디폴트값을 반환할 수 있는 것이 특징 2
		`a.get('Key')`
		`a.get('KK')`
		`print(a.get('KK'))`
		`a.get('KK', '디폴트`
		`값')`
			`'Value'`
			
			`None`
			`'디폴트값'`

in	딕셔너리 내 키의 존재 여부 확인	`'Key' in a` `'kk' in a`	`True` `False`

4) 단원 마무리

■ **핵심**
사전과 같이 단어와 단어의 뜻과 같은, 유의미한 관계를 엮을 때 사용한다.

■ **정리**
유의미한 데이터 간 연결을 위해 사용하는 자료형이다.

■ **사용하는 방법**
중괄호와 콜론(:)을 이용하여 키와 값을 각각 좌측과 우측에 입력한다.

A = {"파이썬" : "최고", "이번 학기 나의 학점" : "A", "나의 등수" : 1}
>>> A[파이썬]
"최고"
>>> A[이번 학기 나의 학점]
"A"

7. 집합

집합 자료형은, 1. 여러 물건을 담을 수 있는 상자이지만 2. 중학 수학의 집합과 동일한 자료형으로, 3. 순서뿐만 아니라 중복 또한 존재하지 않습니다.

1. 무수히 많은 물건을 상자에 담을 수 있습니다.
2. 벤 다이어그램을 기억해 봅시다.
3. 두 집합을 합칠 때, 혹은 하나의 집합에서 중복되는 숫자가 있으면 하나로 합치던 기억이 날 겁니다.

중학교때 집합을 배운 기억을 되살려 봅시다. 아주 단순하게 표현하자면, 우리는 동그라미 안에 무작위로 수를 적었고 중복하여 수를 적는 경우는 없었습니다. 이것은 파이썬 자료형의 특징에서도 동일합니다. 언제 사용할까요? 집합을 이용한 수학을 파이썬에서 해결할 때입니다. 잠시 언급하자면, 저자뿐만 아니라 많은 사람의 생각은 파이썬이 가지는 최고의 장점은 문법이 간단하고 라이브러리가 강력하여 많은 과학자도 다양한 과학적 문제를 풀 수 있다는 점입니다. 쉽게 말하면 프로그래머의 전유물이었던 고성능 계산기를 누구든 이용할 수 있습니다. 아마 집합을 이용할 경우는 잘 없겠지만, 이러한 부분에 초점을 두고 집합이라는 자료형이 있구나 하고 넘어가면 되겠습니다.

```
>>> 집합 = set("ABCDD")
>>> 집합
{'A', 'C', 'B', 'D'}
```

본래 집합은 순서가 존재하지 않으며, 중복은 불가능하므로 이와 같은 결과가 나타납니다. 본 도서를 보고 있는 독자들은 집합 자료형은 이용할 일이 없을 것으로 판단되므로, 집합에 대한 설명에선 이쯤에서 생략하도록 하겠습니다.

중학 수학에 나타나는 집합입니다!

8. 실력향상 알고리즘

예제 1

```
1   name = "홍길동"
2   age = 20
3   height = 175.1
4   print(name)
5   print(age)
6   print(height)
```

■ 설명

1. name 변수에 "홍길동"이라는 문자열을 저장합니다.
2. age 변수에 정수형 숫자 20을 저장합니다.
3. height 변수에 실수형 숫자 175.1을 저장합니다.
4~6. 변수에 저장된 값을 출력합니다.

■ 결과

```
홍길동
20
175.1
```

```
1   name = input("이름을 입력하세요: ")
2   age = input("나이를 입력하세요: ")
3   height = input("키를 입력하세요: ")
4   print(name)
5   print(age)
6   print(height)
```

■ 설명

1~3. input 함수를 통해 사용자로부터 값을 입력받으며, 각 변수에 사용자로부터 입력받은 값을
저장합니다. input 안에는 사용자에게 보여 줄 내용을 적으면 됩니다. 만약 보여 줄 내용이 없을
경우 input()이라고만 하면 됩니다.
4~6. 변수에 저장된 값을 출력합니다.

■ 결과

```
이름을 입력하세요: 홍길동
나이를 입력하세요: 20
키를 입력하세요: 175.1
홍길동
20
175.1
```

예제 3

```
1   a = 4
2   b = 2
3   add = a + b
4   subtract = a - b
```

5	multiply = a * b
6	divide = a / b
7	quotient = a // b
8	remainder = a % b
9	square = a ** b
10	print(add)
11	print(subtract)
12	print(multiply)
13	print(divide)
14	print(quotient)
15	print(remainder)
16	print(square)

- 설명

1~2. a 변수, b 변수에 숫자를 저장합니다.

3. a와 b를 더한 결과를 변수에 저장합니다.

4. a에서 b를 뺀 결과를 변수에 저장합니다.

5. a와 b를 곱한 결과를 변수에 저장합니다.

6. a와 b를 나눈 결과를 변수에 저장합니다.

7. a를 b로 나눈 몫을 변수에 저장합니다.

8. a에서 b를 나눈 나머지를 변수에 저장합니다

9. a를 b만큼 제곱한 결과를 변수에 저장합니다

10~16. 변수에 저장된 값을 출력합니다.

- 결과

```
6
2
8
2.0
0
16
```

1	만원 지폐 = input("만원 지폐 개수: ")
2	천원 지폐 = input("천원 지폐 개수: ")
3	오백원 동전 = input("오백원 동전 개수: ")
4	만원 지폐 = int(만원 지폐)
5	천원 지폐 = int(천원 지폐)
6	오백원동전 = int(오백원 동전)
7	금액 = 만원 지폐 * 10000 + 천원 지폐 * 1000 + 오백원 동전 * 500
8	print("총금액: " + str(금액))

■ 설명

1~3. 변수에 사용자로부터 값을 입력받은 값을 저장합니다.

4~6. 사용자로부터 입력받은 값은 문자열이기 때문에 int()를 사용하여 정수형 숫자로 바꿔줍니다.

7. 금액을 계산하여 변수에 저장합니다.

8. 금액 변수에 저장된 값을 문자열 형태로 바꾼 후 "총금액: " 문자열과 붙여서 출력합니다.

■ 결과

```
만원 지폐 개수: 3
천원 지폐 개수: 5
오백원 동전 개수: 1
총금액: 35,500
```

```
1    sentence = "I want to watch a movie."
2    idx = sentence.find("want")
3    print(idx)
4    sentence = "Hello World!"
5    new_sentence = sentence.replace("World", "Python")
6    print(new_sentence)
7    sentence = " Happy Birth Day!'
8    print(sentence.strip())
9    sentence = "Hello World!"
10   new_sentence = sentence.lower()
11   print(new_sentence)
```

■ 설명

1. sentence에 문자열을 할당합니다.
2. sentence에서 "want"라는 문자열을 찾아서 시작 위치를 변수에 저장합니다. 만약 찾지 못할 경우 idx에는 -1이 저장됩니다.
5. sentence에서 "World"라는 문자열을 "Python"으로 바꾸고 결괏값을 new_sentence에 저장합니다.
7. sentence에 문자열을 할당합니다. Happy 왼쪽에 공백이 있음을 알 수 있습니다.
8. sentence의 좌우 공백을 제거 후 출력합니다.
10. sentence를 소문자로 바꾸고 결괏값을 new_sentence에 저장합니다.

■ 결과

```
2
Hello Python!
Happy Birth Day!
hello world!
```

```
1    sentence = "Hello World!"
2    part_of_sentence = sentence[0:5]
3    print(part_of_sentence)
```

■ 설명

2. 문자열의 0번째에서 4번째 문자까지 슬라이싱하여 변수에 저장합니다.

■ 결과

Hello

```
1    character = "A"
2    print(character)
3    ascii_code = ord(character)
4    print(ascii_code)
5    new_character = chr(ascii_code + 3)
6    print(new_character)
7    print(hello + python)
```

■ 설명

3. 문자를 아스키 코드로 변환합니다.
5. 아스키 코드에 3을 더해 문자로 변환합니다. 'A'의 아스키 코드는 65, 'D'의 아스키 코드는 68
   입니다.

```
A
65
D
```

예제 8

```
1    hello = "Hello "
2    python = "Python!"
3    print(hello + python)
4    line = "=" * 50
5    print(line)
```

■ 설명

3. hello, python에 저장된 문자열을 이어서 출력합니다.
4. "=" 문자를 50개 이어줍니다.

■ 결과

```
Hello Python!
==================================================
```

```
1   arr = [ ]
2   arr.append(1)
3   arr.append(2)
4   arr.append(3)
5   arr.append(4)
6   arr.append(5)
7   print(arr)
8   del arr[0]
9   print(arr[0])
10  print(arr[1])
11  print(arr[2:5])
12  arr[0] = -1
13  print(arr)
```

■ 설명

1. arr 변수에 빈 배열을 저장합니다.

2~6. arr 배열에 요소를 추가합니다.

8. arr 배열의 1번째 요소를 삭제합니다. 1번째 요소를 삭제하면 arr에는 2, 3, 4, 5 원소가 남아 있게 됩니다.

9~10. arr 배열의 1번째 요소, 2번째 요소를 출력합니다.

11. arr 배열의 2번째 요소에서 4번째 요소를 슬라이싱 후 출력합니다.

12. arr 배열의 1번째 요소에 -1을 저장합니다.

■ 결과

```
[1, 2, 3, 4, 5]
2
3
[4, 5]
[-1, 3, 4, 5]
```

```
1    arr = [1, 2, 3]
2    s = sum(arr)
3    l = len(arr)
4    print(s)
5    print(l)
```

■ 설명

2. arr 배열의 모든 요소 합을 구하여 s 변수에 저장합니다.
3. arr 배열의 요소 개수를 구하여 l 변수에 저장합니다.

■ 결과

```
6
3
```

예제 11

```
1    tup = (1, 2, 3)
2    tup[0] = -1
```

■ 설명

1. 튜플을 tup 변수에 저장합니다.
2. tup 튜플의 요소를 수정해 봅니다.

■ 결과

튜플은 값을 수정할 수 없기 때문에 다음과 같은 에러가 발생합니다.

```
Traceback (most recent call last):
  File "tuple_example.py", line 2, in <module>
    tup[0] = -1
TypeError: 'tuple' object does not support item assignment
```

예제 12

```
1   dic = {}
2   dic['사과'] = 'apple '
3   dic['바나나'] = 'banana '
4   print(dic['사과'])
5   print(dic['바나나'])
6   dic = {'사과': 'apple', '바나나': 'banana' }
7   print(dic['사과'])
8   print(dic['바나나'])
9   del dic['바나나']
10  print(dic['바나나'])
```

■ 설명

1. 딕셔너리 변수를 선언합니다.
2. Key는 '사과', value는 'apple' 인 쌍을 dic 딕셔너리에 넣습니다.
3. Key는 '바나나', value는 banana' 인 쌍을 dic 딕셔너리에 넣습니다.
4~5. Key와 함께 쌍으로 넣은 value를 출력합니다.
6. Key가 '사과', '바나나' 각각의 key에 대하여 value는 'apple', 'banana'인 딕셔너리를 생성 하였습니다.
9. '바나나'를 Key로 가지는 Key-value 쌍을 삭제합니다.
10. Key를 '바나나'로 가지는 value 값을 출력합니다.

■ 결과

```
apple
banana
apple
banana
Traceback (most recent call last):        ------------------------ (1)
  File "dictionary_example.py", line 63, in <module>
  print(dic['바나나'])
KeyError: '바나나'
```

key에 해당하는 값이 없을 경우 (1)과 같은 오류가 발생합니다.

마무리 문제

1. a와 b를 입력을 받아 사칙연산을 수행한 결과를 출력해 보세요.

> **참고**
>
> a: 4
> b: 2
> a + b : 6
> a - b: 2
> a * b: 8
> a / b: 2.0

2. 철수는 슈퍼에서 사과와 과일을 살려고 합니다. 사과는 한 개에 200원, 귤은 한 개에 500원입니다. 철수가 살려는 사과의 개수, 귤의 개수를 입력받아 필요한 돈을 출력해 보세요.

> **참고**
>
> 사과의 개수: 5
> 귤의 개수: 2
> 필요한 돈: 2,000

3. 민수는 철수에게 최대한 지폐, 동전을 적게 사용하여 거스름돈을 주려고 합니다. 거스름돈을 입력받아 필요한 각 지폐의 개수, 각 동전의 개수를 출력하세요. 지폐의 종류는 10,000원, 5,000원, 1,000원, 동전의 종류는 500원, 100원, 50원, 10원입니다.

예를 들어 37,680원을 거슬러 주어야 할 경우 10,000원 지폐 3장, 5,000원 지폐 1장 1,000원 지폐 2장, 500원 동전 1개, 100원 동전 1개, 50원 동전 1개 10원 동전 3개가 필요합니다.

거스름돈: 37,680

만원: 3장

오천원: 1장

천원: 2장

오백원: 1개

백원: 1개

오십원: 1개

십원: 3개

4. 문장을 입력받아 소문자로 바꾼 후 "my"는 "나의"로 바꾸고 "apple"는 "사과"로 바꿔 주는 간단한 번역기를 만드세요.

> 참고
>
> 문장: My apple is an amazing apple!
> 번역된 문장: 나의 사과 is an amazing 사과!

5. 사용자로부터 문장과 단어를 입력받습니다. 대소문자와 상관없이 입력받은 문장에서 단어의 시작 위치를 출력하세요. 해당 단어가 없을 경우 –1을 출력하세요.

> 참고
>
> 문장: Hello, nice to meet you!
> 찾을 단어: hello
> 위치: 0

6. 배열 [5, 9, 1, 4, 7]의 평균을 구해 보세요.

7. 배열 [5, 15, 1, 4, 7]에서 슬라이싱을 통해 0번째 요소에서 2번째 요소까지의 합을 구해 보세요.

8. len 을 사용하여 배열 [9, 8, 13, 7, 12, 10, 7, 8, 12, 13, 15, 20, 21]에서 중간에 위치하는 값을 출력해 보세요.

마무리 문제 정답

1.

```
1  a = input("a: ")
2  b = input("b: ")
3  a = int(a)
4  b = int(b)
5  print("a + b : " + str(a + b))
6  print("a - b: " + str(a - b))
7  print("a * b: " + str(a * b))
8  print("a / b: " + str(a / b))
```

- 설명

1~2. 변수에 사용자로부터 입력받은 값을 저장합니다.
3~4. 문자열을 숫자형으로 변환합니다.
5~8. 연산 결과를 출력합니다.

2.

```
1  apple_price = 200
2  tangerine_price = 500
3  apple = input("사과의 개수: ")
4  tangerine = input("귤의 개수: ")
5  apple = int(apple)
6  tangerine = int(tangerine)
7  money = apple * apple_price + tangerine * tangerine_price
8  print("필요한 돈: " + str(money))
```

■ 설명

> 1~2. 사과, 귤의 가격을 변수에 저장합니다.
>
> 3~4. 사용자로부터 사과와 귤의 개수를 입력받습니다.
>
> 5~6. 문자열을 숫자형으로 변환합니다.
>
> 7. 총가격은 다음과 같습니다. 사과의 개수 * 사과의 가격 + 귤의 개수 + 귤의 가격
>
> 8. 계산한 총가격을 출력합니다.

3.

1	money = input("거스름돈: ")
2	money = int(money)
3	만원 지폐 = int(money / 10000)
4	money %= 10000
5	오천원 지폐 = int(money / 5000)
6	money %= 5000
7	천원 지폐 = int(money / 1000)
8	money %= 1000
9	오백원 동전 = int(money / 500)
10	money %= 500
11	백원 동전 = int(money / 100)
12	money %= 100
13	오십원 동전 = int(money / 50)
14	money %= 50
15	십원 동전 = int(money / 10)
16	print("만원: " + str(만원 지폐) + "장")
17	print("오천원: " + str(오천원 지폐) + "장")
18	print("천원: " + str(천원 지폐) + "장")
19	print("오백원: " + str(오백원 동전) + "개")
20	print("백원: " + str(백원 동전) + "개")
21	print("오십원: " + str(오십원 동전) + "개")
22	print("십원: " + str(십원 동전) + "개")

■ 설명

1. 변수에 사용자로부터 입력받은 값을 저장합니다.

2. 문자열을 숫자형으로 변환합니다.

3. 총금액에서 10,000을 나누어 만원 지폐가 몇 장인지 구합니다.

   예를 들어 35,000일 경우 int(money / 10,000)의 값은 3이 됩니다.

4. 총금액을 10,000으로 나눈 나머지를 구해 나머지 금액을 구합니다.

   예를 들어 35,000일 경우 10,000으로 나눈 나머지는 5,000이 됩니다.

5~15. 3~4와 같은 프로세스를 적용합니다.

16~22. 각 지폐, 동전의 개수를 출력합니다.

4.

```
1  sentence = input("문장: ")
2  sentence = sentence.lower()
3  sentence = sentence.replace("my", "나의")
4  sentence = sentence.replace("apple", "사과")
5  print("번역된 문장: " + sentence)
```

■ 설명

1. 변수에 사용자로부터 입력받은 값을 저장합니다.

2. 문자열을 소문자로 변환합니다.

3~4. "my"는 "나의"로 변환하고 "apple"은 "사과"로 변환하여 sentence에 저장합니다.

5. 변환된 문장을 출력합니다.

5.

```
1    sentence = input("문장: ")
2    sentence = sentence.lower()
3    word = input("찾을 단어: ")
4    word = word.lower()
5    idx = sentence.find(word)
6    print("위치:", idx)
```

■ 설명

1. 변수에 사용자로부터 입력받은 값을 저장합니다.
2. 문자열을 소문자로 변환합니다.
3. 변수에 사용자로부터 입력받은 값을 저장합니다.
4. 문자열을 소문자로 변환합니다.
5. sentence에서 word가 시작되는 위치를 idx 변수에 저장합니다.
6. idx 변수를 출력합니다. 만약 sentence에 word가 없을 경우 –1이 출력됩니다.

6.

```
1    arr = [5, 9, 1, 4, 6]
2    s = sum(arr)
3    l = len(arr)
4    m = s / l
5    print(s / l)
```

■ 설명

2. 배열 요소의 총합을 구하여 변수에 저장합니다.
3. 배열 요소의 총 개수를 구하여 변수에 저장합니다.
4. 평균(총합 / 총 개수)를 구하여 변수에 저장합니다.

7.

```
1   arr = [5, 9, 1, 4, 6]
2   sliced = arr[:3]
3   s = sum(sliced)
4   print(s)
```

- 설명

2. 배열을 슬라이싱 후 sliced 변수에 저장합니다.
3. 배열 요소의 총합을 구하여 변수에 저장합니다.

8.

```
1   arr = [9, 8, 13, 7, 12, 10, 3, 8, 12, 13, 15, 20, 21]
2   mid = len(arr) // 2
3   print(arr[mid])
```

- 설명

2. 배열 길이를 2로 나누어 중간을 계산합니다. '//' 연산자는 나누기 연산 후 소수점 이하의 수
   를 버려 줍니다.
3. 배열 중간 요소를 출력합니다.

CHAPTER

03 제어문

PYTHON

제어문이란, 코드가 수행되다가 1. 조건의 충족 유무에 따라 다른 코드를 수행하거나, 2. 100줄의 반복되는 코드를 3줄로 줄이거나가 가능한 문법입니다.

1. 제어문 중 조건문은 특정 조건을 만족하였거나 만족하지 못하였을 때 각각에 따른 특이한, 다른 코드를 수행할 수 있도록 갈림길을 줄 수 있습니다.
2. 리스트의 각각의 요소를 모두 나눠 출력할 때, 일일이 출력하도록 입력할 것이 아니라 반복문을 통해 짧은 코드로 모든 요소를 출력할 수 있도록 합니다.

데이터가 무수히 많으니 반복문은 필수일 것이고, 입력되는 데이터에 따라 다양한 코드를 수행하여야 데이터의 특성에 따라 반응할 수 있으니 조건문 또한 필수입니다. 쉽게 말하면 이 두 종류의 제어문을 토대로 모든 시스템이 구성된다고 봐도 과언이 아닙니다.

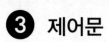 

❸ 제어문

1. 조건문 if

제어문이란, 코드가 수행되다가 1. 조건의 충족 유무에 따라 다른 코드를 수행하거나, 2. 100줄의 반복되는 코드를 3줄로 줄이거나가 가능한 문법입니다.

1. 제어문 중 조건문은 특정 조건을 만족하였거나 만족하지 못하였을 때 각각에 따른 특이한, 다른 코드를 수행할 수 있도록 갈림길을 줄 수 있습니다.
2. 리스트의 각각의 요소를 모두 나눠 출력할 때, 일일이 출력하도록 입력할 것이 아니라 반복문을 통해 짧은 코드로 모든 요소를 출력할 수 있도록 합니다.

데이터가 무수히 많으니 반복문은 필수일 것이고, 입력되는 데이터에 따라 다양한 코드를 수행하여야 데이터의 특성에 따라 반응할 수 있으니 조건문 또한 필수입니다. 쉽게 말하면 이 두 종류의 제어문을 토대로 모든 시스템이 구성된다고 봐도 과언이 아닙니다.

1) 예제 코드

```
>>> 수강 과목 = "한국사"; 내일 시험 일정 = ["국어", "한국사]
>>> if 수강 과목 in 내일 시험 일정:
...        print(수강 과목 + "를 공부하세요.")
...
한국사를 공부하세요.
```

수강 과목과 내일 시험 일정을 입력합니다. if ~ in을 통해 만약 내일 시험 일정에 수강 과목이 있다면 수강 과목을 공부하라는 말을 출력해 봅시다. 이때 print 입력 후 한 번 더 엔터를 눌러 주어야 합니다. 결과를 통해 조건에 맞는 결과가 나옴을 확인하였습니다.

```
>>> 나의 정보 = [90, 1.6]
>>> BMI = 나의 정보[0] / (나의 정보[1]*나의 정보[1])
>>> if BMI >= 25:
...        print("비만입니다.")
비만입니다.
```

몸무게와 키를 입력 후, BMI를 구합니다. 식은 몸무게$_{kg}$ / 키$_m$·2입니다. 만약 BMI가 25 이상이라면 비만이라는 사실을 알려줍시다. 마찬가지로 print 입력 후 한 번 더 엔터를 눌러줍니다. 결과를 통해 조건에 맞는 결과가 나옴을 확인하였습니다.

```
>>> BMI_1 = BMI; BMI_2 = 60/(1.6*1.6)
>>> if BMI_2 >= 25:
...        print("비만입니다.")
... else:
...        print("비만이 아닙니다.")
...
"비만이 아닙니다."
```

다른 사람의 BMI를 불러와 BMI_2에 저장합니다. 아까와 같은 비만의 조건을 입력하여 비만임을 알려주도록 합시다. 비만이 아닐 경우에는 아니라는 것을 알려줍시다. 출력값을 보면 BMI가 25 미만인 것을 확인할 수 있습니다.

```
>>> if BMI_2 >= 25:
...     print("비만입니다.")
... elif 23 <= BMI_2:
...     print("과체중입니다.")
... else:
...     print("비만이 아닙니다.")
...
"과체중입니다."
```

이전과 같은 비만의 조건을 입력합니다. 조건을 만족하면 비만임을 알려줍시다. 또한, 25 이상은 아니지만, 만약 23 이상이라면 과체중임을 알려주고 어디에도 해당하지 않으면 비만이 아님을 알려줍시다. 출력값을 보면 BMI_2 변수는 25 미만, 23이상인 것을 확인할 수 있습니다.

2) 코드 풀이

이번에는 조건문인 if 구문을 이용해 보았습니다. 구문의 마지막에는 콜론:이 붙어야 하며, 다음 줄에서는 스페이스바 4번 혹은 Tab 1번을 이용하여야 함을 보았습니다. 그리고 if와 콜론: 사이에서 1번째 조건을 충족하면, 단순히 충족하지 않으면, 혹은 1번째 조건은 충족하지 않지만 2번째 조건을 충족한다면, 각각 다른 코드를 출력하도록 수행해 보았습니다. 그 결과 변수의 값, 부등호, 조건값을 비교하여 참, 거짓을 나눴고, 참, 거짓에 따라 다음 줄에 등장하는 코드를 수행하였습니다.

3) 단원 설명

if문은 코드 진행 중에 사용자가 원하는 조건이 나타난다면, 혹은 나타나지 말아야 할 조건이 나타났을 때 특정 코드를 수행하고자 사용합니다. 예를 들어 리스트 안에 수많은 사람의 BMI를 입력되어 있다고 가정했을 때 비만인 사람들의 리스트만 새로 만드는 경우가 이에 속합니다. 간단한 로직은 if문 내에서 BMI가 25 이상인 사람은 새로운 리스트에 넣는 것이겠죠? FPS 게임에서 머리에 총을 맞는 경우라든가, 혹은 리스트 자료형을 받아야 하는데 튜플 자료형을 받았을 때 치명적인 오류를 피하는 경우 등 수많은 경우가 있겠습니다.

실제 영문법과 매우 비슷하게 작동하는 조건문은 'if 값 1 연산자 값 2:' 의 조합으로 사용된다는 사실을 알았습니다. 값들은 변수가 될 수도, 직접 지정한 수가 될 수도 있으며 두 값을 연산자를 통해 비교하여 이를 수행합니다. 매우 간단합니다. 이를 글로 표현하면 '만약 값 1이 값 2보다 연산자하다면 크다면, 작다면, 같다면 등 ..' 의 의미가 되겠지요. elif와 else도 간단합니다. 이들은 반드시 if 구문이 실행된 다음에 수행될 수 있으며, '그게 아니고 만약, 값 1이 값 2보다 연산자하다면..', '그게 아니라면' 두 가지의 의미지요. 다른 언어보다 자질구레한 문법이 들어가지 않아 더욱 직관적으로 읽힙니다.

더욱 직관적이면서 짧은 구사 방법도 존재합니다.

```
if
if (조건문): (조건문이 참일 때 수행할 구문)


>>> if 4>3: "4는 3보다 크다!"
"4는 3보다 크다!"
```

if else
(조건문이 참일 때 수행할 구문) if (조건문) else (조건문이 거짓일 때
수행할 구문)

>>> 상자 = 3

>>> "5보다 크다!" if 상자>5 else "5보다 작다!"

"5보다 작다!"

---

if elif else
(조건문이 참일 때 수행할 구문) if (조건문) else (elif가 참일 때 수행할
구문) if (elif의 조건문) else (모두 거짓일 때 구문)

>>> 상자 = 3

>>> "5보다 크다!" if 상자>5 else "3이다!" if a==3 else "..."

"3이다!"

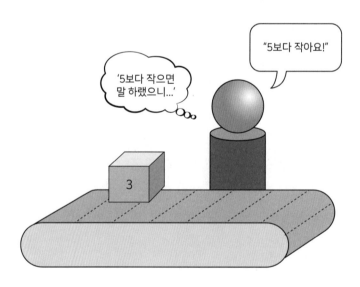

[그림 2-11] if 상자<=5: print("5보다 작아요!")

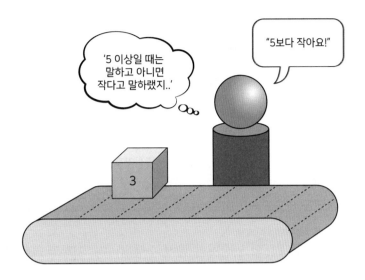

[그림 2-12] print("5 이상이에요!") if 상자>=5 else print("5보다 작아요!")

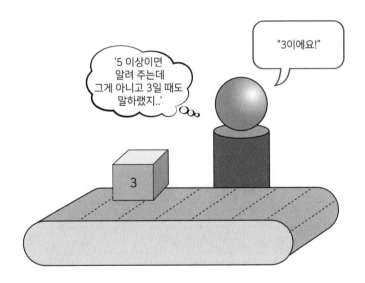

[그림 2-13] print("5 이상이에요!") if 상자>5 else "3이에요!" if 상자==3 else "..."

연산자	수행되는 경우	예시
if 값 1 연산자 값 2:	참일 때	if 1 < 2:

elif 값 1 연산자 값 2:	앞서 나타난 구문이 거짓이고 현재 구문이 참일 때	if 1 > 2:
		elif 1 > 2:
		elif 1 < 2:

else:	참인 구문이 존재하지 않을 때	if 1 > 2:
		elif 1 > 2:
		else:

조건문은 크게는 세 종류의 연산자와 함께 수행됩니다. 기본적으로 부등호를 이용하는 비교 연산자와 'and', 'or', 'not', 그리고 'in', 'not in'이 있습니다. 각각의 연산자를 이용하는 방법과 예시는 다음과 같습니다.

연산자	참인 경우	예시
<	A가 B 미만일 때	if 1 < 2:
>	A가 B 초과일 때	if 1 > 2:
==	A와 B가 같다면	if 2 == 2:
!=	A와 B가 다르다면	if 1 != 2:
<=	A가 B 이하일 때	if 1 <= 2:
>=	A가 B 이상일 때	if 2 >= 1:

연산자	참인 경우	예시
or	둘 중 하나라도 참일 때	if 1 < 2 or 1>3:
and	둘 다 참일 때	if 1 < 2 and 1<3:
not	거짓일 때	if not(1 == 2):

연산자	참인 경우	예시
in	포함될 때	if 1 in [1,2,3]:
not in	포함되지 않을 때	if 1 in [2,3,4]:

　사실 위의 연산자들은 조건문 없이도 사용될 수 있습니다. 참인 경우를 만족한다면 True, 만족하지 않는다면 False를 출력합니다. 하지만 True와 False는 참,거짓을 논하는 Bool 자료형으로, 일반적으로 if문과 함께 사용하여 참, 거짓 판별 후 별도의 코드를 수행하지 않는다면 사용될 일은 없습니다. 다시 말하자면, 개별적으로 사용되어 참, 거짓값을 출력할 수 있지만 이를 통한 유의미한 행동을 수행하기 위해서는 조건문을 거쳐야 합니다. 다른 프로그래밍 언어에서는 부호 연산자만 이용하지만 파이썬은 독특하게 영어 단어를 이용합니다. 이는 파이썬의 철학이 담긴 부분으로 이해하면 되며, 익숙해진다면 종종 코드를 짤 때 매우 효율적으로 이용할 수 있습니다. 이 외에도 다양한 연산자가 있지만, 기초이므로 생략하도록 하겠습니다.

4) 단원 마무리

■ 핵심
특정한 조건하에 다른 코드를 수행하고 싶을 때 조건 충족 여부를 판단하고 수행한다.

■ 정리
단순히 순차적인 코드의 진행이 아닌, 특정한 조건하에 특정한 코드를 수행하고 싶을
때 사용한다.
상자에 물건을 보다가, 원하는 물건이 나왔을 때 물건을 새로운 상자에 넣는 행위

■ 사용하는 방법
if 값 1 연산자 값 2:
elif 값 1 연산자 값 2:
else:

■ 팁
영어의 어순을 생각하면 역시 와닿는다.
if price under 50$, say good!
if price < 50:
    print("Good!")

2. 반복문 while

while 반복문은, 1. 조건문이 참인 동안은 구문 내의 코드를 무한히 반복합니다. 2. 1, True와 같은 참값을 올려두면 무한히 반복합니다.

   1. 조건문이 구문 내 코드에 의해 연산이 수행되고, 그로 인해 거짓이 되어야 멈춥니다.

   2. 1이나 True는 수정하는 방법 없이 무한히 True이므로 break 등을 수행해야 빠져나갈 수 있습니다.

반복문은 번거롭고 반복적인 행위에서 벗어나게 해주며, 시스템 내의 반복 실행이 필요한 곳에 배치됩니다.

1) 예제 코드

```
>>> A = ["홍길동", 50, 1.7]
>>> while A[1] / (A[2]*A[2]) < 23:
...     A[1] = A[1] + 1
...     print(A, A[1] / (A[2]*A[2]))
...
['홍길동', 51, 1.7] 17.647058823529413
['홍길동', 52, 1.7] 17.99307958477509
['홍길동', 53, 1.7] 18.339100346020764
['홍길동', 54, 1.7] 18.68512110726644
['홍길동', 55, 1.7] 19.031141868512112
['홍길동', 56, 1.7] 19.377162629757787
['홍길동', 57, 1.7] 19.723183391003463
```

```
['홍길동', 58, 1.7] 20.06920415224914

['홍길동', 59, 1.7] 20.41522491349481

['홍길동', 60, 1.7] 20.761245674740486

['홍길동', 61, 1.7] 21.107266435986162

['홍길동', 62, 1.7] 21.453287197231838

['홍길동', 63, 1.7] 21.79930795847751

['홍길동', 64, 1.7] 22.145328719723185

['홍길동', 65, 1.7] 22.49134948096886

['홍길동', 66, 1.7] 22.837370242214536

['홍길동', 67, 1.7] 23.18339100346021
```

키가 1.7m, 몸무게가 50kg인 홍길동이 A 변수에 있습니다. 홍길동은 과체중이될 때까지 살을 찌우기로 마음먹었습니다. 1kg씩 찌울 것이며 찌웠을 때의 몸무게와 BMI를 체크하겠습니다. 반복문을 수행하다 A 변수에 저장된 키와 몸무게 값을통해 계산한 BMI의 값이 23이 넘어 67kg에서 멈춘 것을 확인할 수 있습니다.

```
>>> A = ["홍길동", 50, 1.7]
>>> while A[1] / (A[2]*A[2]) < 23:
...     A[1] = A[1] + 1
...     print(A, A[1] / (A[2]*A[2]))
...     if A[1] >= 60:
...         print(A, A[1] / (A[2]*A[2]))
...         break
...
['홍길동', 53, 1.7] 18.339100346020764
['홍길동', 54, 1.7] 18.68512110726644
['홍길동', 55, 1.7] 19.031141868512112
['홍길동', 56, 1.7] 19.377162629757787
```

```
['홍길동', 57, 1.7] 19.723183391003463
['홍길동', 58, 1.7] 20.06920415224914
['홍길동', 59, 1.7] 20.41522491349481
['홍길동', 60, 1.7] 20.761245674740486
['홍길동', 60, 1.7] 20.761245674740486
```

다시 가정해 보겠습니다. 홍길동은 과체중이 될 때까지 살을 찌우기로 마음먹었습니다. 1kg씩 찌울 것이며 찌웠을 때의 몸무게와 BMI를 체크하겠습니다. 과체중까진 아니더라도 60kg 이상이 되면 멈추기로 마음먹었습니다. 즉 조건문이 맞을 경우 break를 통해 반복문을 빠져나가게 됩니다.

```
>>> while while A[1] >= 60:
...        A[1] = A[1] + 1
...        print(A)
...
Ctrl + C 클릭
```

참 상태를 계속 지속합니다. A 변수의 몸무게 값을 계속 더해 줍니다. 참 상태가 계속 지속되기 때문에 반복문이 말도 안 되게 반복되고 있습니다. Ctrl + C를 눌러 멈출 수 있습니다.

2) 코드 풀이

이번에는 반복문 중 하나인 while문을 수행해 보았습니다. if문과 비슷하게 'while 값 1 연산자 값 2:'의 형태로 수행되었으며, 값이 참인 동안은 while문 내의 코드를 계속해서 반복하였습니다. 반복 중에 식이 만족되지 못하고 거짓이 되면 중단되었습니다. 보이지 않지만 일종의 if문이 반복된 것과 같은 의미입니다.

3) 단원 설명

while문은 부등호에 의해 False가 출력되기 전까지는 구문을 무한히 반복하는 구문입니다. 특정한 목적을 위해 무한 루프_{무한반복}를 수행하고자 할 때나, 변수가 내가 원하는 조건이 될 때까지_{조건을 충족시켜 거짓이 될 때까지} 구문 내의 코드를 반복합니다. 조건문과 함께 사용하여 원하는 조건마다 알림을 보내거나 특정한 구문을 실행할 때 용이하겠습니다. BMI로 예로 들었을 때 극단적인 예시긴 하지만, 기기 오류로 몸무게가 999가 넘는 값이 관측되고, 999가 넘는 값을 화면에 표출하려고 하면 고장이 나는 기계가 있다고 가정해 봅시다. 모든 사람의 순차적으로 몸무게를 공개하려고 했을 때 이와 같은 오류가 발생하여 기계가 고장나면 당연히 안 되겠지요. 이를 방지하기 위해 값의 출력 이전에 while 문으로 모든 사람의 몸무게를 검토하면서, if문을 통해 999가 넘는 값이 탐지되면 표출 전에 종료하거나 해당 값은 표출하지 않거나, 아니면 차라리 ERROR라는 메시지를 출력하도록 하는 구문을 만들어야 할 것입니다.

[그림 2-12] while(상자<3): 상자 = 상자 + 1; print(str(상자))

4) 단원 마무리

- **정리**
  구문의 무한 반복이 필요할 때 사용한다.
  어떠한 조건식을 만족하는 동안은 계속해서 반복이 필요할 때 사용한다.

- **사용하는 방법**
  while 값 1 연산자 값 2:

- **팁**
  여전히 영어의 어순을 생각하면 와닿는다.
  내 몸무게가 50kg 미만이 되기 전까지 운동한다.
  while 몸무게 >= 50:
  print("헛둘 헛둘!")

3. 반복문 for

for 반복문은 if문에서 배운 in을 사용하여 특정 범위 내에서 구문을 수행합니다. while문은 조건식의 만족이 주된 내용이었다면, for문은 특정 범위 내가 주된 내용입니다. 행렬이나 엑셀과 같은 구조의 데이터의 모든 값을 보기 위해서 주로 사용합니다. 이 또한 번거롭고 반복적인 행위에서 벗어나게 해주며, 시스템 내의 반복 실행이 필요한 곳에 배치됩니다.

1) 예제 코드

```
>>> BMI_list = [15, 17, 20, 21, 22, 24, 25]
>>> for i in BMI_list:
...      print(i)
...
...
 15
 17
 20
 21
 22
 24
 25
```

다음과 같은 BMI 리스트가 있습니다. i 변수가 BMI_list 변수에 있는 동안 i 변수를 출력해 봅시다. 결과에 1번째부터 마지막까지 순차적으로 출력됨을 확인하였습니다.

```
>>> for i in range(1,10):
...     print(i)
...
1
2
3
4
5
6
7
8
9
```

1부터 10이라는 범위 내에서 i 변수를 출력해 봅시다. 이전에 수행했던 슬라이싱처럼, 10번째 값인 10은 출력되지 않았습니다.

```
>>> number = 0
>>> for i in BMI_list:
...     number = number + 1
...     if i >= 25:
...         print(str(number) + "번째는 비만!")
...     elif i >= 23:
...         print(str(number) + "번째는 과체중!")
...     elif i <= 18.5:
...         print(str(number) + "번째는 저체중!")
...     else:
...         print(str(number) + "번째는 표준!")
...
1번째는 저체중!
```

```
2번째는 저체중!
3번째는 표준!
4번째는 표준!
5번째는 표준!
6번째는 과체중!
7번째는 비만!
```

number는 순번을 헤아리기 위한 변수입니다. i 변수는 해당 순차에 해당하는 값을 가집니다.

만약 순차의 값이 25를 넘는다면 해당 순번이 비만임을 출력합니다. 그게 아니고 23을 넘는다면 해당 순번이 과체중임을 출력합니다. 그게 아니고 만약, 값이 18.5 이하라면 해당 순번이 저체중임을 출력합니다. 모두 아니라면 해당 순번이 표준임을 출력합니다.

출력값을 확인해 보면 리스트 내의 값을 순차적으로 저체중, 표준, 과체중, 비만을 가려내는 것을 확인할 수 있습니다.

2) 코드 풀이

이번에는 반복문 중 하나인 for문을 수행해 보았습니다. while문과는 달리 in을 사용하여 리스트의 처음부터 끝까지, 혹은 range를 사용하여 일정 값부터 일정 값-1까지 반복하였습니다. 존재하지 않는 변수를 for과 in 사이에 놓으면 해당 범위에 존재하는 값을 그대로 출력하는 것을 확인하였습니다. 이를 통해 해당 범위에 존재하는 값에 대해 각각 조건문을 수행할 수 있었습니다.

3) 단원 설명

for문은 if문과 더불어 정말 많이 사용하게 될 구문입니다. while문은 그저 특정한 조건 내에서 수행되지만, for문은 일정 범위 내에서 수행된다는 특징이 있습니다. 또한, for문을 2차원으로 겹쳐 2차원 리스트에 모든 원소에 접근할 수 있습니다. 이를 이중 포문이라 표현합니다. 행렬 단위로 보았을 때, 이중 포문의 1번째 줄은 모든 행에 접근하는 것을 의미합니다. 2번째 줄은 모든 열에 접근하는 것을 의미합니다. 이를 조금 상세히 보면, 1번째 행의 모든 열에 접근이 끝나면, 2번째 행의 모든 열에 접근합니다. 이러한 흐름을 반복하여, 모든 행의 모든 열에 위치하는 각각의 원소에 접근하는 것입니다.

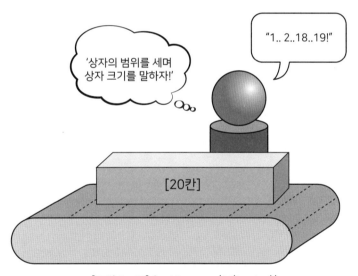

[그림 2-13] for i in range(20): print(i)

> ※ **while과 for문의 차이 한 줄 정리**
>
> while문은 변수의 초기값 등을 정할 수 없어, 변수가 존재하여야 하지만 for문은 값을 정할 수 있어 변수가 없어도 사용할 수 있다.

4) 단원 마무리

- **핵심**

  특정 범위의 값들에 접근할 때 for문을 사용하자.

- **정리**

  특정 범위, 행렬 구조의 데이터에 접근할 때 사용한다.

- **사용하는 방법**

  for 값 1 in 값 2:

  for 값 1 in range(값 2, 값 3):

- **팁**

  역시 영어의 어순을 생각하면 와닿는다.

  심장 박동수가 90부터 120이 되는 동안 운동하자.

  ```
  for i in range(90,120):
      print("현재 심장 박동수" + str(i) + "! 헛둘 헛둘!")
  ```

4. 예외 처리 try

조금 긴 코드를 적고 수행해 보셨으면 아시겠지만, 긴 코드를 수행하다가도 에러를 만나면 멈추게 됩니다. 나중에 배워 보면 알겠지만, 실전에선 이런 일이 더욱 많이 발생합니다. 그럼 에러가 날 때마다, 프로그램이 멈추는 게 맞을까요? 당연히 아닙니다. 이를 막기 위해 예외 처리라는 것이 존재하며, 파이썬에서는 try와 except 구문으로 이를 제공합니다. 에러가 나는 상황에 프로그램이 멈추는 것을 방지하기 위한, 예외 처리를 배워봅시다.

1) 예제 코드

```
>>> try:
...      3 / 0
... except ZeroDivisionError as e:
...      print(e)
...
 integer division or modulo by zero
```

0으로 나누었을 때 발생하는 오류를 잡아내어 출력하였습니다.

```
>>> try:
...      print("처리 중...")
...      raise Exception("예외가 발생하였습니다!")
...      print("처리가 완료되었습니다")
... except Exception as e:
...      print(e)
... finally:
...      print("프로그램을 종료합니다.")
...
 처리 중...
 예외가 발생하였습니다!
 프로그램을 종료합니다.
```

raise를 통해 예외를 발생시킬 수 있습니다. 예외가 발생될 경우 except 블록으로 바로 건너뜁니다. except 블록에서 예외를 출력하고 예외가 발생했든 안 했든 실행되는 finally 블록에서 "프로그램을 종료합니다."라는 메시지를 출력합니다.

2) 코드 풀이

이번에는 try except, 즉 예외 처리 구문을 수행해보 았습니다. 어떠한 오류를 고의적으로 발생시키고, 예외 처리에서 원하는 오류가 발생하였을 때, 해당 오류 발생 시 출력되는 문구를 출력하였습니다. 이후 finally 구문까지 응용한 후, 원하는 문구만 출력하는 과정을 수행하였습니다.

3) 단원 설명

실전에서 다양한 기능을 구현하다 보면, 주기적인 에러가 발생하는 경우가 있습니다. 예를 들자면 에러가 발생했을 때, 이를 if문으로 감지하고 공백을 프린트하는 방식으로 에러를 피한다면 매우 편하겠죠? 애석하게도 이는 불가능합니다. 그리고 결정적으로, 해당 구문이 예외 처리를 위한 것인지 어떠한 기능을 위해 존재하는 것인지, 코드가 길어질수록 판단하기가 어려워집니다. 이를 방지하기 위해 예외 처리 구문은 if와 else처럼, try와 except로 존재합니다. try문에는 오류가 발생할 수 있는 코드를 넣고, except에는 오류가 발생했을 때 수행할 코드를 넣으면 끝입니다. 들여쓰기 개념은 다르긴 하지만, except가 일종의 if문이 되는 셈이지요. except 구문은 모든 오류를 대상으로 수행할 수도 있고, 특정 오류만을 한정하여 수행할 수도 있습니다.

예외 처리에는 2가지 구문을 추가로 사용할 수 있습니다. 바로 pass와 finally입니다. pass는 말 그대로 예외가 발생했을 때 특별한 구문을 실행하지 않고 그냥 pass하여 try문을 종료하고, 다음 코드를 수행하는 것입니다. 단순히 예외 발생으로 인한 프로그램 종료를 방지하는 것입니다. finally는 try문과 except 구문 이후,

혹은 try 구문 바로 이후에 사용하는 구문으로, 쉽게 말하면 try 구문에서 볼일 다 보고, 마지막으로 finally 아래 코드를 수행하는 구문입니다. 어순을 생각하면 파이썬은 역시 영어를 잘할수록, 이해하기 좋겠네요. 한글의 어순으로는 "아래 에러가 발생할 때를 제외하고 except, 아래 코드를 수행해 봐 try." 라는 말을 하는 구문이니까요.

[그림 2-14] 예외 처리 개념

4) 단원 마무리

■ **핵심**

오류로 인한 프로그램 종료를 방지하기 위해, 예외 처리를 사용하자.

■ **정리**

오류로 인해 프로그램이 멈추는 상황을 방지하기 위해 사용한다.

■ **사용하는 방법**

try:
    기본적으로 수행할 코드
except:
    오류 발생 시 수행할 코드
except 특정 에러 메시지:
    특정 오류 발생 시 수행할 코드
except 특정 에러 메시지 as 변수:
    특정 오류 발생 시 오류의 내용과 함께 수행할 코드
finally:
    예외 발생 여부와는 관계없이 수행할 코드

■ **팁**

지속적으로 유지되어야 하지만, 일부 예외에 의해 발생하는 에러를 확인하고
해당 에러가 프로그램에 큰 문제를 일으키는 것이 아니라면 예외 처리를 이용한다.
오류 발생 시 특별히 수행할 코드가 없다면 pass를 이용하면 된다.

알고리즘은 다소 어렵고 복잡한 컴퓨팅 사고를 요구하시만, 프로그래밍 실력 향상과 각종 채용 시험에 있어서 빠질 수 없는 존재입니다. 아래의 간단한 문제들을 통해 맛보도록 하겠습니다.

 마무리 문제

1. 철수는 친구들과 369게임을 하고 있어요. 숫자를 입력했을 때 손뼉을 몇 번 쳐야 하는지 바로 알 수 있도록 프로그램을 만들고자 합니다. 숫자를 입력받아 손뼉을 몇 번 쳐야 하는지 출력하세요. 만약 손뼉을 안 쳐도 될 상황이면 입력받은 숫자를 출력하세요. 예를 들어 3369 숫자를 입력했을 시 3, 3, 6, 9 숫자가 있으므로 총 4번 손뼉을 쳐야 합니다.

2. 제임스는 로또 번호를 자동으로 생성하는 프로그램을 만들고자 한다. 로또 번호는 1~45까지 있으며 그중 총 6개의 번호를 선택하면 됩니다.

3. 영희는 자신이 숫자 0, 1로 구성된 그림을 상하로 뒤집고 싶어 합니다. 그림이 다음과 같을 때 해당 그림을 상하로 뒤집어서 출력하세요.

0100100

0100100

0111111

0000100

0000100

✒ 마무리 문제 정답

1-1.

```
1    num = input('369 369 ? ')
2
3    check = True
4    for c in num:
5        if c == '3' or c == '6' or c == '9':
6            check = False
7            print("짝", end='')
8
9    if check:
10       print(num)
```

■ 설명

1. 숫자(문자열)를 입력받습니다.
4~7: 문자 중 '3' 또는 '6' 또는 '9'가 있을 경우 손뼉을 칩니다.
9~10. 손뼉을 한 번도 치지 않았을 경우 입력받은 숫자를 출력합니다.

1-2.

```
1    num = input('369 369 ? ')
2    num = int(num)
3
4    temp = num
5    check = True
6    while temp != 0:
7        digit = temp % 10
```

8	`temp /= 10`
9	`temp = int(temp)`
10	`if digit == 3 or digit == 6 or digit == 9:`
11	`    check = False`
12	`    print("짝", end='')`
13	
14	`if check:`
15	`    print(num)`

■ 설명

> 1. 문자열를 입력받습니다.
> 2. 숫자 형태로 변환합니다.
> 4. 임시 변수에 숫자를 저장합니다.
> 6. 임시 변수에 저장된 숫자가 0이 아닐 때까지 반복합니다.
> 7. 임시 변수의 1의 자리수를 digit 변수에 저장합니다.
> 8~9. 임시 변수를 10으로 나누어 줍니다.
> 10~12. 1의 자리수가 3 또는 6 또는 9일 경우 손뼉을 칩니다.
> 14~15. 손뼉을 한 번도 치지 않았을 경우 입력받은 숫자를 출력합니다.

2-1.

1	`import random`
2	
3	`lotto = []`
4	`sel = 0`
5	
6	`while len(lotto) < 6:`
7	`    while True:`
8	`        sel = random.randint(1, 45)`
9	`        check = True`

```
10          for i in lotto:
11              if i == sel:
12                  check = False
13                  break
14
15          if check:
16              break
17      lotto.append(sel)
18
19  lotto.sort()
20  print(lotto)
```

■ 설명

1. 무작위 수를 생성하기 위한 모듈을 불러옵니다.
3. 로또 번호를 저장할 배열을 초기화합니다.
6. 선택된 로또 번호가 6개 미만일 경우 반복합니다.
8. 로또 번호를 1~45 숫자 중 무작위로 선택합니다.
10~13: 무작위로 생성된 로또 번호가 이미 선택되었는지 확인합니다.
15. 무작위로 생성된 로또 번호가 선택되지 않았을 경우 반복문을 빠져나갑니다.
17. 무작위로 생성된 로또 번호를 선택된 로또 번호에 추가합니다.
19. 선택된 로또 번호를 오름차순으로 정렬합니다.

2-2.

```
1  import random
2
3  selection = [0 for i in range(45)]
4  selnum = 0
5
6  while selnum < 6:
```

```
7      while True:
8        sel = random.randint(0, 44)
9        if selection[sel] == 0:
10         selnum += 1
11         selection[sel] = 1
12         break
13
14   lotto = []
15   for i in range(45):
16     if selection[i] == 1:
17       lotto.append(i + 1)
18
19   print(lotto)
```

■ 설명

1. 무작위 수를 생성하기 위한 모듈을 불러옵니다.
3. 선택된 숫자를 표시하기 위한 배열을 초기화합니다.
4. 선택된 로또 번호 개수를 저장하기 위한 변수를 초기화합니다.
6. 선택된 로또 번호가 6개 미만일 경우 반복합니다.
8. 로또 번호를 0~44 숫자 중 무작위로 선택합니다.
9~12: 무작위로 생성된 로또 번호가 선택되지 않았을 경우 반복문을 빠져나갑니다.
14. 선택된 로또 번호를 저장할 배열을 초기화합니다.
16~17. 선택된 로또 번호를 배열에 넣어 줍니다.

3-1.

```
1   image = [[0, 1, 0, 0, 1, 0, 0], [0, 1, 0, 0, 1, 0, 0], [0, 1, 1, 1,
    1, 1, 1], [0, 0, 0, 0, 1, 0, 0], [0, 0, 0, 0, 1, 0, 0]]
2
3   for x in range(len(image[0])):
4     length = len(image)
5
6     rev_arr = []
7
8     for y in range(length):
9       rev_arr.append(image[length - y - 1][x])
10
11    for y in range(length):
12      image[y][x] = rev_arr[y]
13
14  for arr in image:
15    for i in arr:
16      print(i, end='')
17    print()
```

■ 설명

1. 영희의 0과 1로 이루어진 그림(이미지)을 초기화합니다.
3. 이미지의 가로 길이 만큼 반복합니다.
4. 이미지의 세로 길이를 변수에 저장합니다.
6. 이미지의 일부분을 뒤집은 결과를 저장할 배열을 초기화합니다.
8. 이미지의 세로 길이 만큼 반복합니다.
9. 이미지의 x번째 열의 값들을 상하로 뒤집어 배열에 저장합니다.
11~12. 뒤집은 결과를 다시 이미지에 저장합니다.

3-2.

1	`image = [[0, 1, 0, 0, 1, 0, 0], [0, 1, 0, 0, 1, 0, 0], [0, 1, 1, 1, 1, 1, 1], [0, 0, 0, 0, 1, 0, 0], [0, 0, 0, 0, 1, 0, 0]]`
2	
3	`for x in range(len(image[0])):`
4	`    length = len(image)`
5	`    half = int(length / 2)`
6	
7	`    for y in range(half):`
8	`        temp = image[y][x]`
9	`        image[y][x] = image[length - y - 1][x]`
10	`        image[length - y - 1][x] = temp`
11	
12	`for arr in image:`
13	`    for i in arr:`
14	`        print(i, end='')`
15	`    print()`

■ 설명

1. 영희의 0과 1로 이루어진 그림(이미지)을 초기화합니다.
3. 이미지의 가로 길이 만큼 반복합니다.
4. 이미지의 세로 길이를 변수에 저장합니다.
5. 이미지의 세로 길이 / 2를 변수에 저장합니다. 이때 2로 나눈 결과를 정수형으로 변환해 줍니다
7. 이미지의 가로 길이 / 2 만큼 반복합니다.
8~10. 이미지의 왼쪽 부분과 이미지의 오른쪽 부분을 바꿔 줍니다.

04 함수와 클래스 그리고 모듈

PYTHON

모든 프로그래밍 언어는 작성한 코드를 쉽게 관리 및 재사용하기 위해
함수, 클래스, 모듈, 패키지라는 것을 사용합니다.
함수를 비롯한 위 개념들이 정확하게 무엇인지, 그리고 파이선에서는
이를 어떻게 만들고 사용하는지 배워 보도록 하겠습니다.

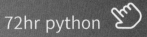 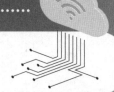
④ 함수와 클래스, 그리고 모듈

1. 함수

함수란, 단어 그대로 변수를 통해 특정 기능을 수행하는 존재를 의미합니다. 주로 다시 사용할 일이 많은 특정 구문 등을 한 줄로 간추려 재사용하기 위해 사용합니다. 여러 학생의 시험 채점을 위해 시험지를 채점하고 결과를 알려주는 코드를 일일이 작성하기보다는, 해당 코드를 함수로 만들고 반복문을 작성하면 훨씬 깔끔하게 코드를 알아보기도 쉽겠지요? 이를 간단한 예제와 함께 알아보도록 하겠습니다.

1) 예제 코드

```
>>> def calculateBMI(키, 몸무게):
...     BMI = 몸무게 / (키 + 키)
...     return BMI
>>> 길동 = calculateBMI(1.7, 90); 길동
 31.14186851211073
>>> 꺽정 = calculateBMI(1.7, 80); 꺽정
 27.68166089965398
```

```
>>> def gogo(키, 몸무게, 이름 = None):
...       return 몸무게 / (키 + 키), 이름
>>> 길동 = gogo(1.7, 90); 길동
 (26.47058823529412, None)
>>> 길동 = gogo(1.7, 90, "길동"); 길동
 (26.47058823529412, '길동')
```

calculateBMI라는 함수를 선언하였고, 해당 함수는 키, 몸무게를 인자로 입력받아 넘겨받아 BMI를 계산하여 반환해 줍니다. 이런 식으로 한 번 입력한 함수는 복잡한 수식이든 함수명인자 1, 인자 2와 같은 방식을 통해 반복적으로 수행할 수 있음을 확인하였습니다.

이후 함수명을 조금 바꾸고, 함수를 선언하는 곳에 이름 = None이라는 인자를 추가해 보았습니다. 변수명에 초깃값을 줌으로써 일반적으로 디폴트값이라 불리는 것을 추가했고, 'None'을 디폴트값으로 주었습니다. 이후 이름 변수에 값을 주고, 한 번은 주지 않은 상태로 진행해 보았습니다.

2) 코드 풀이

복잡한 예시는 우선 생략하도록 하겠습니다. 방금 본 것을 통해 이제 무엇을 할 수 있는지는 예측하리라 생각합니다. 여태까지, 혹은 앞으로 우리가 반복적으로 수행할 코드들을 하나의 함수명을 통해 다시 호출하여 기능들을 쉽게 이용할 수 있음을 확인하였습니다.

3) 단원 설명

이번 단원에서는 함수를 알아보겠습니다. 수학에서는 어떠한 변수를 받아들이고, 수식에 따라 결괏값을 내는 것을 함수라 합니다. 파이썬에서는 앞서 사용해 본 print 라던가, 형 변환을 수행하는 int , float , str , 그리고 range 나 리스트에서 배운 append 등 과 같은 것을 함수라고 할 수 있습니다. 이를 경험 삼아 보자면, 괄호 안에 값 혹은 변수를 입력하였을 때, 함수명에 따라 입력받은 값 혹은 변수에 대해 특정한 기능을 수행하는 것이 함수입니다.

자판기를 일종의 함수 덩어리라고 생각하면 쉽겠습니다. 돈을 넣지 않거나, 돈이 부족한 상황에서 물건을 누르면 자판기는 돈이 부족하다는 표시와 함께 물건을 꺼내 주지 않습니다. 하지만 돈을 넣고 물건을 누르면 물건이 나옴과 동시에 돈이 계산되고, 자판기에 따라 잔돈을 수동 혹은 자동으로 반환해 줍니다. 크게 보자면 물건을 눌렀을 때 돈이 충분한지 확인한 뒤, 물건과 잔돈을 거슬러 주는 것이 하나의 함수이고, 좀 더 세분화해서 보자면, 물건을 누르는 것, 돈이 충분한지 확인하는 것, 물건을 내어 주는 것, 잔돈으로 무언가 가능한지에 대해 검토한 뒤 잔돈을 거슬러 주는 것이 각각 함수가 되겠습니다. 이는 프로그래밍을 수행한 사람에 따라, 그리고 코드의 효율성에 따라 함수의 단위가 나뉠 것입니다.

함수에 따라 함수명 인자1,인자2,...,인자n 과 같은 방법으로 수행합니다. 함수에 입력되는 변수의 개수가 반드시 지정되어 있는 때도 있고, 꼭 필요한 것이 아니라면 이를 신경 쓰지 않는 함수도 있습니다. 요리로 예를 들면, 카레라이스를 할 때 당근이나 고기가 빠져도 완성은 되지만, 카레 가루가 빠지면 요리가 되지 않을 것입니다. 이때 당근이나 고기는 존재하지 않아도 되는 인자, 카레 가루는 존재하지 않으면 오류가 나는 인자 정도로 이해하면 되겠습니다.

다음 그림을 고려하였을 때, 함수는 받아들인 인자를 토대로 결과를 출력하는 것이 다라는 것을 알 수 있습니다. 그렇다면 인자 외에 다른 변수들을 계산하는 함수는 어떨까요? 그 외에도 함수 내에서 선언되었지만 결과로 반환되지 않는 변수는 어떻게 될까요? 답은 간단합니다. 함수에서 사용하고자 한 변수가 아니라면, 연산 등의 행위가 불가능합니다. 함수 내에서 선언된 변수는 마찬가지로 함수가 끝나는 순간 결과로 반환되지 않기 때문에 사라지게 됩니다.

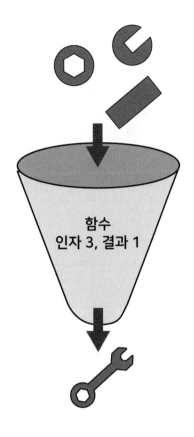

[그림 2-15] 함수는 인자를 토대로 구문을 통해 결과를 반환한다.

4) 단원 마무리

> ■ **핵심**
> 함수는 정해진 인자가 주요 요소이며, 이를 토대로 무언가를 반환하는 것이 주 기능이다.

> ■ **정리**
> 자주 사용하지만, 과정이 길어 보기 싫거나 재입력하기에 번거로울 때 사용하면 좋다.
> ex) BMI 계산, 입력 데이터를 엑셀로 보낼 때 등
>
> ■ **사용하는 방법**
> 사용할 함수의 이름을 정의하면서 필요한 인자를 입력하고,
> 함수의 기능을 고려하여 결괏값을 도출하기 위한 구문을 작성 후
> 결괏값을 반환하면 된다.
> def 함수명(인자 1,인자 2):
>   결과 = 인자 2 + 인자 1 * 인자 1 / 5
>   return 결과

2. 클래스

 클래스는 프로그램의 규모가 크거나, 일종의 상황에 따라 변칙적인 함수를 사용하는 '틀'로 생각하면 되겠습니다. 앞서 예시로 그려진 그림은 '펜치를 조립'하는 함수로, '드라이버를 조립'할 수 없다는 것은 명백한 사실입니다. '드라이버를 조립'하는 함수는 따로 구현해서 사용하여야겠지요. 하지만 '펜치를 조립'할 수 있고, '드라이버를 조립'할 수도, 둘 다 한 번에 할 수도 있는 함수가 존재한다면 어떨까요? 이러한 기능을 위해 클래스라는 것이 존재합니다.

1) 예제 코드

```
>>> class BMI_관리:
...     def 정보(self, 이름, 키, 몸무게):
...         self.이름 = 이름
...         self.키 = 키
...         self.몸무게 = 몸무게
...     def 인사(self, 인사 문구):
...         print(self.이름 + " : " + str(인사 문구))
>>> 회원 1 = BMI_관리()
>>> 회원 1.정보("홍길동",180,90)
>>> 회원 1.이름
"홍길동"
>>> 회원 1.키
180
>>> 회원 1.몸무게
90
>>> 회원 1.인사("안녕!")
홍길동 : 안녕!
```

2) 코드 풀이

앞서 설명한 것과 같이, 클래스는 '펜치 조립'을 할 수도, '드라이버 조립'을 할수도 있습니다. 당연히 둘 다 하거나, 둘 다 하지 않아도 문제는 없겠지요? 본 예제코드에서는 이를 확인할 수 있었습니다. 먼저 클래스 내부를 함수로 구성하고, 회원 1이라는 변수에 클래스를 할당하였습니다. 회원 1은 앞서 만든 BMI_관리 클래스를 할당받았으므로 내부의 기능을 모두 사용할 수 있었고, 함수가 2개나 존재하지만 1개만 이용해도 나머지 하나는 오류를 일으키지 않았습니다.

3) 단원 설명

클래스는 일반적으로 '객체를 만드는 틀' 정도로 설명됩니다. 그리고 이는 프로그램을 '잘' 만들기 위해서도 이용됩니다. 입문 단계에서는 어떠한 프로그램을 구현하는 것만으로도 벅차서 굳이 '잘' 만들 필요는 없습니다. 하지만 '잘' 만들 필요는 없더라도 객체와 틀의 개념이 필요한 상황에서도 많이 이용됩니다.

객체 지향 프로그래밍으로 불리는 클래스는 추상화, 캡슐화, 상속성, 다형성이라는 4가지 특징을 가집니다. 우리가 특별히 무언가를 해야 한다기보다는, 클래스 자체가 위와 같은 특성에 의해 만들어진 것이기도 하고, 따라서 위와 같은 특성을 클래스 내에 잘 표현하는 것이 올바른 클래스 사용이라 볼 수 있겠습니다. 이러한 개념이 존재하는 이유는, 우리가 '어떠한 프로그램을 만드는 것'만을 목표로 하는 것이 아니라, 어떠한 프로그램을 '잘' 만드는 것이 목표이기 때문입니다. 내 옷장이나 서랍이 정리되지 않아도 옷을 찾아 입을 수 있는 것은 명백한 사실입니다. 하지만 '잘' 정리해 둔다면 옷을 찾아 입기에도 쉽고, 타인이 와서 옷을 찾는 것 또한 쉬울 것입니다. 여태까지 우리가 프로그램을 만드는 것에만 집중했다면, 이제는 '잘' 만들 차례입니다.

추상화의 경우, 쉽게 말해 우리가 클래스 내부에 무언가를 구현하는 것을 모두 추상화라 할 수 있습니다. 이때 데이터와 기능을 추상화할 수 있습니다. 예제에서 이 두 가지를 모두 이용해 보았습니다. 이름, 키, 몸무게와 같은 데이터를 클래스로 이용하는 것은 데이터의 추상화이고, 인사와 같은 특정 행위, 기능을 추상화하는 것을 기능의 추상화라고 합니다. 이를 왜 우리는 추상화라고 부를까요? 이를 쉽게 생각해 보자면, 함수명을 짓고 어떤 기능을 만드는 함수 자체가 '추상적' 입니다. 일반적으로 생각하는 무언가 막연하거나 구체적이지 않은 의미가 아니라, '추상' 이라는 단어의 뜻 그대로, 공통되는 특성이나 속성을 추출하고 파악하는 작용을 이야기합니다. 그러니까 여러 줄의 코드를 쉽고 'BMI 계산'과 같은 짧은 글자로써 간결하게 나타내는 것을 '추상적' 이라고 부를 수 있겠습니다. 이 책이 전반적으로 추상적으로 설명되었다고 볼 수 있겠네요. 중요한 개념인 포인터 등을 다루지 않아도 되고, 다른 프로그래밍 언어에서는 불가능한 편리함을 만든 파이썬 또한 상대적으로 추상적인 언어가 되겠습니다.

캡슐화는 BMI의 계산과 같은 기능들을 BMI 식을 몰라도 사용할 수 있는 함수를 의미합니다. 그렇다면 굳이 캡슐화가 필요할까 싶은데, BMI에 비해 복잡한 계산이나 기능일수록 이 개념이 와닿겠습니다. 그뿐만 아니라 클래스는 특정 행동이나 정보에 대한 권한은 차단하여, 필요하지만 사용자는 이를 알거나 수정할 수 없도록 만들 수 있습니다. 한마디로 데이터와 코드를 안전하게 보호할 수 있다는 의미입니다. 어찌보면 추상화를 포함하는 개념이기도 합니다.

상속성은 상위 개념 부모의 특징을 하위 개념 자식이 물려받는 것을 의미합니다. 자동차라는 범주와 슈퍼카라는 범주를 비교하였을 때 무엇이 상위 개념일까요? 모든 자동차를 슈퍼카에 포함시킬 순 없으므로 자동차가 상위 개념이 되겠습니다. 이때 슈퍼카를 만들 때 자동차의 개념을 상속받고, 슈퍼카에 필요한 나머지를 추가적으로 보완하면 보다 효율적으로 슈퍼카라는 객체를 만들 수 있을 것입니다.

다형성은 흔히 코딩 시험 및 면접에 자주 나오는 오버로딩과 오버라이딩으로 불리는 것을 의미하며, 일종의 다양성을 존중해 주는 개념으로 생각하면 되겠습니다. 학생마다 과제 수행을 지시했을 때, 이 과정은 엄연히 다를 것입니다. 어떤 학생은 바로 수행할 수도, 어떤 학생은 게으름을 피우다 남의 것을 베껴 수행할 수도 있습니다. 앞에서 언급 된 자동차의 경우, 자동차라는 범주가 주행을 하는 것과 슈퍼카라는 범주가 주행을 하는 것은 엄연히 차이가 있습니다. 따라서 슈퍼카가 상속받은 자동차의 주행 기능을 다르게 구현하는 것을 다형성이라 부릅니다. 이 다형성은 크게 오버 로딩과 오버 라이딩이 존재합니다. 오버 로딩은 인수가 다양하다는 가정하에, 하나의 기능을 다양한 형태의 인수가 들어와도 대처할 수 있도록 만드는 개념입니다. 한마디로 BMI 계산이라는 동일한 함수명을 이용하지만, 인수가 없는 경우, 키라는 인수만 주어진 경우, 충분히 인수가 주어진 경우, 인수가 과한 경우 모두를 하나의 함수가 상황에 맞게 대처할 수 있는 개념입니다. 파이썬에서도 구현하는 방법이 존재는 하지만, 이를 다루지는 않도록 하겠습니다. 오버 라이딩의 경우 이미 객체가 할당되었음에도 불구하고 또다시 할당되는^{덮어쓰다, 오버 라이드} 것을 이야기하며, 앞서 언급된 슈퍼카의 주행 기능을 다르게 구현하는 것이 이에 속합니다.

4) 단원 마무리

■ **정리**

여러 기능을 묶을 때 어떠한 기준에 따라 묶어 분류하기 위해 사용하면 좋다.

ex) 사람의 팔다리 행동을 사람이라는 범주로 묶을 때,

드라이버 조립, 펜치 조립을 조립이라는 범주로 묶을 때.

이 외에도 쉽게 객체라는 개념을 효과적으로 사용하기 위해 사용한다.

ex) 쉬운 이용을 위한 추상화, 안전을 추구한 캡슐화, 객체를 찍어 내는 상속성, 다양
한 상황에 대응하는 다형성

■ **사용하는 방법**

클래스 명을 정의하고, 이하 함수를 정의하면 되겠다.

```
class BMI_관리:
    def 정보(self, 이름, 키, 몸무게):
        self.이름 = 이름
        self.키 = 키
        self.몸무게 = 몸무게
    def 인사(self, 인사 문구):
        print(self. 이름 + " : " + str(인사 문구))
```

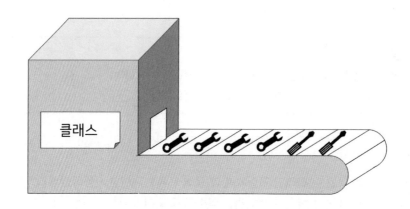

[그림 2-16] 클래스, 메소드를 뽑아 쓰던 구조를 생각하면 쉽다.

3. 모듈

　모듈은 간단하게 언급하고 크게 설명은 하지 않고자 합니다. 여태까지 만든 함수나 클래스를 하나의 파일로 모아둔 것으로, 흔히 말하는 라이브러리를 생각해도 되겠습니다. 모듈을 만드는 것은 별 다른 게 존재하지 않습니다. 우리가 앞으로도 이용하거나 배포하고자 하는 함수와 클래스만을 하나의 파일에 잘 기록한 다음, 파일명을 특정 모듈명으로 만들면 됩니다. 예를 들어 BMI 관리.py 혹은 BMI.py라는 이름으로 파일명을 짓고 나면, import BMI라는 코드를 통해 BMI.py 내의 함수와 클래스들을 사용할 수 있습니다. 이후 사용은 BMI.계산키, 몸무게 등으로 이용할 수 있는데, '.'을 보고 클래스의 개념으로 생각하기보다는, 다른 곳에서 한 번 포장됐고, 그 포장 내에 있는 함수를 이용하기 때문에 '모듈명.함수_혹은_클래스명'과 같은 구조로 이용합니다.

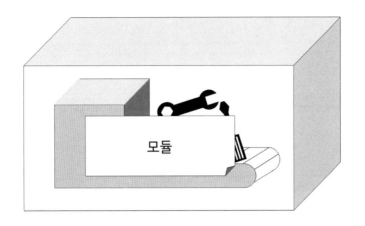

[그림 2-17] 모듈, 이전에 사용하던 함수 혹은
클래스를 외부에서 사용할 수 있도록 만든 형태이다.

예제 1

```
1   def function(x):
2       return x * 2
3
4   for i in range(10):
5       y = function(i)
6       print(y)
```

- 설명

1. function 함수를 선언합니다. 인자로 x를 받습니다.
2. x에 2를 곱하여 반환합니다.
4 ~ 6. 함수에 0 ~ 9까지의 숫자를 넣어 반환된 값을 변수에 저장 후 출력합니다.

- 결과

```
0
2
4
6
8
10
12
14
16
18
```

```
1   def swap(x, y):
2       return y, x
3
4   x, y = 1, 2
5   print("x: ", x)
6   print("y: ", y)
7
8   x, y = swap(x, y)
9   print("x: ", x)
10  print("y: ", y)
```

■ 설명

1. swap 함수를 선언합니다. 인자로 x, y를 받습니다.
2. x, y 자리를 서로 바꿔서 y, x를 반환합니다.
8. swap 함수를 호출하여 x, y를 서로 바꿉니다.

■ 결과

```
x: 1
y: 2
x: 2
y: 1
```

```
1   def factorial(n):
2       result = 1
3       for i in range(1, n + 1):
4           result *= i
5       return result
6
7   print(factorial(5))
```

■ 설명

1. factorial 함수를 선언합니다. 해당 함수는 n을 입력받아 n!을 반환합니다.
3~4. 1부터 n까지의 숫자를 result에 곱해 줍니다.
5. result를 반환합니다.

■ 결과

120

```
1   def recursive_factorial(n):
2       if n == 1:     # 만약 n이 1일 경우 1을 반환합니다.
3           return 1
4       return n * recursive_factorial(n - 1)
5
6   print(recursive_factorial(5))
```

■ 설명

1. recursive_factorial 함수를 선언합니다. 해당 함수는 n을 입력받아 n!을 반환합니다.
2~3. 만약 n이 1일 경우 1을 반환합니다.
4. n이 1이 아닐 경우 n * recursive_factorial(n-1)을 반환합니다.
   즉 함수 안에서 다시 함수를 호출하는 방식으로 재귀적 함수 호출을 합니다.

■ 결과

120

마무리 문제

1. 두 점 (x1, y1), (x2, y2)를 인수로 받아 두 점 사이의 거리를 반환하는 함수를 만들어 보세요. 제곱근을 구하기 위해서는 다음과 같이 작성하면 됩니다.

```
1  import math
2  a = math.sqrt(4)   # 4의 제곱근을 구하여 a에 저장합니다.
```

2. 이차방정식($ax^2 + bx + c = 0$)의 근을 계산하는 함수를 만들어 보세요. 함수는 a, b, c를 나타내는 3개의 인수를 받습니다. 판별식이 0보다 작을 경우 근이 없다고 출력하세요. 또한, 판별식이 0일 경우 한 개의 근만 출력하세요.

3. 철수는 진수에게 암호 메시지를 보내려고 합니다. 메시지를 암호화하는 방법은 다음과 같습니다.

평문	a b c d e f g h i j k l m n o p q r s t u v w x y z
암호문	d e f g h i j k l m n o p q r s t u v w x y z a b c

메시지는 소문자 알파벳으로만 구성되어 있다고 합니다. 메시지를 암호화하는 함수를 만든 후 메시지를 입력받아 암호화된 메시지를 출력해 보세요.

참고

메시지 입력: abcxyz
암호화된 메시지: defabc

마무리 문제 정답

1.

```
1    import math
2
3    def dist(x1, y1, x2, y2):
4        return math.sqrt((x1 - x2) * (x1 - x2) + (y1 - y2) * (y1 - y2))
```

■ 설명

> 3. dist 함수를 선언합니다. 해당 함수는 두 점의 위치를 입력받아 두 점 사이의 거리를
>   반환합니다.

2.

```
1    import math
2
3    def quad_eqn(a, b, c):
4        d = b * b - 4 * a * c
5        if d < 0:
6            print("근이 없습니다!")
7            return
8        x1 = (-b + math.sqrt(d)) / (2 * a)
9        x2 = (-b - math.sqrt(d)) / (2 * a)
10       if d > 0:
11           print("x1: " + str(x1))
12           print("x2: " + str(x2))
13       else:
14           print("x: " + str(x1))
```

■ 설명

> 3. quad_eqn 함수를 선언합니다. 해당 함수는 a, b, c를 입력받아 이차방정식($ax^2 + bx + c = 0$)의 근을 계산하여 출력합니다.
>
> 4. 판별식을 계산하여 d에 저장합니다.
>
> 5~7. 판별식이 0보다 작을 경우 근이 없다는 메시지를 출력 후 함수를 종료합니다.
>
> 8~9. 근의 공식을 이용하여 근을 구합니다.
>
> 10~12. 판별식이 0보다 클 경우 2개의 근이 있으므로 2개의 근을 출력합니다.
>
> 13~14. 판별식이 0일 경우 1개의 근만 있으므로 1개의 근을 출력합니다.

3.

```python
1   def encrypt(message):
2       encrypt_message = ""
3       for c in message:
4           c = ord(c)                 # 문자를 숫자(아스키코드)로 바꿔 준다.
5           c -= ord('a')
6           c = (c + 3) % 26
7           c += ord('a')
8           encrypt_message += chr(c)   # 숫자를 문자로 바꿔 준다.
9       return encrypt_message
10
11  message = input("메시지 입력: ")
12  print("암호화된 메시지: " + encrypt(message))
```

■ 설명

1. encrypt 함수를 선언합니다. 해당 함수는 message를 입력받아 암호화한 결과를 반환합니다.
2. 암호화된 메시지를 저장할 문자열을 초기화합니다.
3. message의 각 문자에 접근합니다.
4. 문자를 아스키코드로 바꿔 줍니다.
5. 아스키코드에서 'a'에 해당하는 아스키코드를 빼줍니다. 만약 c가 'b' 문자였을 경우 결과는 1이 됩니다.
6. 아스키코드에 3을 더한 후 26으로 나눈 나머지를 구합니다.
7. 아스키코드에 'a'에 해당하는 아스키코드를 더해줍니다.
8. encrypt_message에 문자를 더해 줍니다.
9. 암호화된 문자열을 반환합니다.

예제 1

```python
1    class People:
2        def __init__(self, name, age):
3            self.name = name
4            self.age = age
5
6        def older(self):
7            self.age += 1
8
9        def print(self):
10            print(" - 이름: " + self.name)
11            print(" - 나이: " + str(self.age))
12            print()
13
14    p = People("이몽룡", 19)
15    p.print()
16    p.older()
17    p.print()
```

■ 설명

1. People 클래스를 정의합니다.
2. People 생성자에서 name과 age를 인자로 받습니다.
3~4. 입력받은 인자로 멤버 변수를 초기화시켜 줍니다.
6. 멤버 변수 age를 1증가시킵니다.
9~12. People 객체가 가지고 있는 정보를 출력합니다.
14. People이라는 객체를 만들어 p에 저장합니다.
15~17. 멤버 함수를 호출합니다.

■ 결과

```
- name: 이몽룡
- age: 19

- name: 이몽룡
- age: 20
```

예제 2

```python
1   class Account:
2       def __init__(self, number, money=0):
3           self.number = number
4           self.balance = money
5
6       def deposit(self, money):
7           if money >= 0:
8               self.balance += money
9
10      def withdraw(self, money):
11          if money <= self.balance:
12              self.balance -= money
13
14      def get_money(self):
15          return self.balance
16
17      def get_number(self):
18          return self.number
19
20  acc = Account("1234-5678")
```

21	`acc.deposit(3000)`
22	`print(acc.get_number())`
23	`print(acc.get_money())`
24	
25	`acc.withdraw(1500)`
26	`print(acc.get_number())`
27	`print(acc.get_money())`

■ 설명

2. Account 생성 시 money를 비울 경우 money는 자동으로 0이 됩니다.

10~12. money를 입금하는 멤버 함수를 정의합니다. money가 0보다 클 경우에만 멤버 변수 balance에 더해 줍니다.

14~15. 현재 잔고를 반환하는 멤버 함수를 만듭니다.

17~18. 계좌번호를 반환하는 멤버 함수를 만듭니다.

20. Account 생성 시 money 인자를 비워 balance를 0으로 초기화합니다.

21. 멤버 함수를 호출하여 3,000원을 입금합니다.

■ 결과

```
1234-5678
3000
1234-5678
1500
```

```
1    account_list = []
2
3    account_list.append(Account("12-34", 2000))
4    account_list.append(Account("56-78", 5000))
5
6    for account in account_list:
7        print("계좌번호: " + account.get_number())
8        print("잔고: " + str(account.get_money()))
9        print()
```

■ 설명

1. 계좌 정보를 저장할 배열을 만들었습니다.
3~4. 배열에 Account 객체를 만들어 추가해 줍니다.
6. 배열의 각 Account를 반복하여 접근합니다.
7~8. account의 멤버 함수를 호출합니다.

■ 결과

계좌번호: 12-34
잔고: 2000

계좌번호: 56-78
잔고: 5000

```
1   class Movie:
2       def __init__(self, title):
3           self.__title = title
4           self.__director = director
5
6       def get_title(self):
7           return self.__title
8
9   movie = Movie("네 얼간이")
10  print(" - 제목:", movie.get_title())
11  print(" - 제목:", movie.__title)
```

■ 설명

> 3. 멤버 변수 title의 접근 권한을 변수명 앞에 "__"를 붙여 접근 권한을 private으로 설
> 정합니다. 멤버 변수의 접근 권한을 private으로 선언할 경우 클래스 밖에서 멤버 변
> 수를 접근할 경우 에러가 발생합니다.
> 6~7. 접근 권한이 private인 멤버 변숫값을 확인할 수 있도록 get 멤버 함수를 만듭니다.

■ 결과

```
- 제목: 네 얼간이
File "클래스.py", line 72, in <module>
  print(" - 제목:", movie.__title)
AttributeError: 'Movie' object has no attribute '__title'
```

외부에서 멤버 변수 __title에 접근할 수 없어서 에러가 발생했습니다.

마무리 문제

1. 책 클래스를 만들어 보세요. 책 클래스는 멤버 변수로 제목, 저자, 판매 부수를 가지고 있습니다. 멤버 함수로는 정보를 출력해 주는 print, 판매 횟수를 증가시키는 sell이 있습니다.

다음과 같은 코드가 있을 때

```
1  b = Book("모두의 파이썬", "이승현")
2  b.print()
3  b.sell()
4  b.sell()
5  b.print()
```

해당 결과를 출력하도록 책 클래스를 만들어 보세요.

```
- 책 제목: 모두의 파이썬
- 저자: 이승현
- 판매 부수: 0

- 책 제목: 모두의 파이썬
- 저자: 이승현
- 판매 부수: 2
```

2.자판기 클래스를 만들어 보세요. 자판기는 콜라, 사이다를 판매합니다. 자판기 멤버 함수 print 를 통해 자판기의 콜라, 사이다 가격과 현재 들어가 있는 돈을 출력합니다. push money 를 통해 자판기에 돈을 넣습니다. click button을 통해 button이 0일 경우 콜라, button이 1일 경우 사이다를 판매합니다. 이때 현재 들어가 있는 돈이 음료수의 가격 이상일 경우만 판매합니다.

다음과 같은 코드가 있을 때

```
1   vm = VendingMachine()
2   vm.print()
3   vm.push(1000)
4   vm.print()
5   vm.click(0)
6   vm.print()
```

해당 결과를 출력하도록 자판기 클래스를 만들어 보세요.

```
- 현재 돈: 0
- 콜라 가격: 800
- 사이다 가격: 600


- 현재 돈: 1000
- 콜라 가격: 800
- 사이다 가격: 600

콜라가 나왔습니다

- 현재 돈: 200
- 콜라 가격: 800
- 사이다 가격: 600
```

3. 도서관 클래스를 만들어 보세요. 도서관은 멤버 변수로 책 객체 배열을 가지고 있습니다. 도서관 멤버 함수 add title, author 를 통해 책을 추가할 수 있습니다. 다만 여기서 똑같은 title 은 없다고 가정합니다. borrow_book title 을 통해 책을 대출할 수 있습니다. 대출을 하였다고 메시지를 출력합니다. 이미 대출한 책은 대출할 수 없다고 출력합니다. return_book title 을 통해 책을 반납합니다. 반납을 하였다고 메시지를 출력합니다. 반납한 책은 대출할 수 있도록 합니다. print_info 를 통해 책들의 정보를 출력합니다.

다음과 같은 코드가 있을 때

```
1   library = Library()
2
3   library.add_book("모두의 파이썬", "이승현")
4   library.add_book("파이썬과 함께라면", "이승현")
5   library.add_book("가라 파이썬!", "이승현")
6   library.print_info()
7
8   library.borrow_book("모두의 파이썬")
9   library.print_info()
10
11  library.borrow_book("모두의 파이썬")
12
13  library.return_book("모두의 파이썬")
14  library.print_info()
```

해당 결과를 출력하도록 도서관, 책 클래스를 만들어 보세요.

```
 < 도서관 정보 >
 - 책 제목: 모두의 파이썬
 - 저자: 이승현
 - 대출 여부: False

 - 책 제목: 파이썬과 함께라면
 - 저자: 이승현
 - 대출 여부: False

 - 책 제목: 가라 파이썬!
 - 저자: 이승현
 - 대출 여부: False

 - 모두의 파이썬을 대출하였습니다!

 < 도서관 정보 >
 - 책 제목: 모두의 파이썬
 - 저자: 이승현
 - 대출 여부: True

 - 책 제목: 파이썬과 함께라면
 - 저자: 이승현
 - 대출 여부: False

 - 책 제목: 가라 파이썬!
 - 저자: 이승현
 - 대출 여부: False

 - 모두의 파이썬은 이미 대출 중입니다!

 - 모두의 파이썬을 반납하였습니다.

 < 도서관 정보 >
 - 책 제목: 모두의 파이썬
 - 저자: 이승현
 - 대출 여부: False
 - 책 제목: 파이썬과 함께라면
```

마무리 문제 정답

1.

```
1   class Book:
2       def __init__(self, title, author):
3           self.title = title
4           self.author = author
5           self.sales = 0
6
7       def sell(self):
8           self.sales += 1
9
10      def print(self):
11          print(" - 책 제목: " + self.title)
12          print(" - 저자: " + str(self.author))
13          print(" - 판매 부수: " + str(self.sales))
```

■ 설명

1 ~ 13. Book 클래스를 정의합니다.
2 ~ 5. Book 클래스의 생성자로 title, author를 입력받아 멤버 변수를 초기화시킵니다.
7 ~ 8. 해당 Book 객체가 팔릴 경우 판매 횟수를 증가시킵니다.
10 ~ 13. Book 객체의 정보를 출력합니다.

2.

```
1   class VendingMachine:
2       def __init__(self):
3           self.money = 0
4           self.coke = 800
```

```
5          self.cider = 600

6

7      def push(self, money):

8          self.money += money

9

10     def click(self, button):

11         if button == 0 and self.money >= self.coke:

12             self.money -= self.coke

13             print("콜라가 나왔습니다")

14             print()

15         elif button == 1 and self.money >= self.cider:

16             self.money -= self.cider

17             print("사이다가 나왔습니다")

18             print()

19

20     def print(self):

21         print(" - 현재 돈: " + str(self.money))

22         print(" - 콜라 가격: " + str(self.coke))

23         print(" - 사이다 가격: " + str(self.cider))

24         print()
```

■ 설명

1~24. VendingMacine 클래스를 정의합니다.

2~5. VendingMacine 클래스의 생성자에서 돈, 콜라 가격, 사이다 가격을 초기화합니다.

7~8. 돈을 투입할 경우 멤버 변수 money를 투입한 돈만큼 증가시킵니다.

10~18. 클릭한 버튼에 따라 콜라, 사이다 가격을 가지고 있는 돈에서 빼준 후 콜라, 사이다가 나왔다고 출력합니다.

20~23. 현재 가지고 있는 돈과 콜라, 사이다 가격을 출력합니다.

3.

▶ 책 클래스

```
1   class Book:
2       def __init__(self, title, author):
3           self.title = title
4           self.author = author
5           self.borrowed = False
6
7       def borrow(self):
8           self.borrowed = True
9
10      def return_(self):
11          self.borrowed = False
12
13      def print(self):
14          print(" - 책 제목: " + self.title)
15          print(" - 저자: " + str(self.author))
16          print(" - 대출 여부: " + str(self.borrowed))
17
18      def is_borrowed(self):
19          return self.borrowed
20
21      def get_title(self):
22          return self.title
```

■ 설명

2~3. Book 클래스의 생성자로 title, author를 입력받아 멤버 변수를 초기화시킵니다.
해당 책을 빌렸는지 여부도 저장하기 위해 borrowed 멤버 변수를 두었습니다.

7~8. 책을 빌릴 경우 borrowed를 True로 바꿔 줍니다.

10~11. 책을 반환할 경우 borrowed를 False로 바꿔 줍니다.

13~16. 책 정보를 출력합니다.

18~19. 책을 빌렸는지 여부를 반환합니다.

21~22. 책 제목을 반환합니다.

▶ 도서관 클래스

```python
1   class Library:
2       def __init__(self):
3           self.book_list = []
4
5       def add_book(self, title, author):
6           book = Book(title, author)
7           self.book_list.append(book)
8
9       def borrow_book(self, title):
10          for book in self.book_list:
11              if book.get_title() == title:
12                  if book.is_borrowed():
13                      print(" - " + title + "은 이미 대출 중입니다!")
14                      print()
15
16                  else:
17                      book.borrow()
18                      print(" - " + title + "을 대출하였습니다!")
19                      print()
20
21      def return_book(self, title):
22          for book in self.book_list:
23              if book.get_title() == title:
24                  if book.is_borrowed():
25                      book.return_()
26                      print(" - " + title + "을 반납하였습니다.")
27                      print()
28
29      def print_info(self):
30          print("  〈 도서관 정보 〉")
31          for book in self.book_list:
32              book.print()
33              print()
```

■ 설명

2~3. Library 클래스의 생성자에서 책 정보들을 저장할 배열을 초기화합니다.

5~7. title과 author를 입력받아 책을 만들어 배열에 추가합니다.

9~19. title을 입력받아 해당 책이 있을 경우 빌릴 수 있는 여부를 받아 메시지를 출력합니다. 빌릴 수 있을 경우 해당 책의 borrow 함수를 호출하여 책을 빌렸다고 표시합니다.

21~27. title을 입력받아 해당 책을 빌렸을 경우 책을 반납하였다고 출력합니다.

29~33. 가지고 있는 책의 정보를 모두 출력합니다.

예제 1

▶ calculator.py

```
1   #calculator.py
2
3   def add(a, b):
4       return a + b
5
6   def subtract(a, b):
7       return a - b
8
9   def multiply(a, b):
10      return a * b
11
12  def divide(a, b):
13      return a / b
```

■ 설명

3~4. add 함수를 정의합니다.
6~7. subtract 함수를 정의합니다.
9~10. multiply 함수를 정의합니다.
12~13. divide 함수를 정의합니다.

```
1    import calculator
2
3    print(calculator.add(1, 2))
4    print(calculator.subtract(1, 2))
5    print(calculator.multiply(2, 2))
6    print(calculator.divide(4, 2))
```

■ 설명

1. calculator 모듈을 불러옵니다.
3. calculator에 있는 함수 add를 호출합니다.
4. calculator에 있는 함수 subtract를 호출합니다.
5. calculator에 있는 함수 multiply를 호출합니다.
6. calculator에 있는 함수 divide를 호출합니다.

■ 결과

```
3
-1
4
2.0
```

▶ calculator.py

```
1   #calculator.py
2
3   def add(a, b):
4       return a + b
5
6   def subtract(a, b):
7       return a - b
8
9   def multiply(a, b):
10      return a * b
11
12  def divide(a, b):
13      return a / b
```

▶ module2.py

```
1   from calculator import *
2
3   print(add(1, 2))
4   print(subtract(1, 2))
5   print(multiply(2, 2))
6   print(divide(4, 2))
```

■ 설명

calculator 모듈에 있는 모든 함수를 불러옵니다.

■ 결과

```
3
-1
4
2.0
```

▶ calculator.py

```
1    #calculator.py
2
3    def add(a, b):
4        return a + b
5
6    def subtract(a, b):
7        return a - b
8
9    def multiply(a, b):
10       return a * b
11
12   def divide(a, b):
13       return a / b
```

▶ module3.py

```
1    from calculator import add
2
3    print(add(1, 2))
```

■ 설명

calculator 모듈에 있는 add 함수를 불러옵니다.

■ 결과

```
3
```

예제 4

1	import os
2	
3	files = os.listdir("MyFolder")
4	for file in files:
5	print(file)

■ 설명

1. 파이썬에서 기본으로 제공해 주는 os 모듈을 불러옵니다.
3. os 모듈의 listdir 함수를 호출합니다. 해당 함수는 지정된 폴더 아래 있는 모든 파일 및 디렉토리를 반환합니다.
4~5. 파일 목록을 출력합니다.

■ 결과

```
1.txt
2.txt
Folder1
Folder2
```

```
1    import os
2
3    os.makedirs( " test " )
4    is_dir = os.path.isdir( " test " )
5    print(is_dir)
```

■ 설명

1. 파이썬에서 기본으로 제공해 주는 os 모듈을 불러옵니다.
3. os 모듈의 makedirs 함수를 사용하여 디렉토리를 생성합니다.
4. os 모듈의 isdir 함수를 사용하여 "test"가 디렉토리가 맞는지 확인합니다.

■ 결과

True

마무리 문제

1. 사용자로부터 디렉토리 경로를 입력받아 폴더를 만들어 보세요.

2. 모듈을 하나 만들어 보세요. 이 모듈은 배열의 평균, 최댓값, 최솟값, 범위$_{최댓값 - 최솟값}$을 구할 수 있는 함수가 있습니다. 모듈을 사용해 사용자가 입력한 배열의 평균, 최댓값, 최솟값, 범위를 출력하세요. 배열의 원소는 총 10개입니다.

참고

```
1번째 원소: 1
2번째 원소: 2
3번째 원소: 3
4번째 원소: 4
5번째 원소: 5
6번째 원소: 6
7번째 원소: 7
8번째 원소: 8
9번째 원소: 9
10번째 원소: 10
평균: 5.5
최댓값: 10
최솟값: 1
범위: 9
```

3. 파이썬에서 제공하는 os 모듈을 이용하여 사용자가 입력한 폴더에 들어가 있는 파일을 모두 출력해 보세요. 만약 폴더 안에 또 폴더가 있으면 해당 폴더의 내용도 출력합니다.

참고

```
디렉토리명: MyFolder
MyFolder
    -1.txt
    -2.txt
    -Folder1
        -3.txt
        -Folder3
            -4.txt
    -Folder2
        -5.txt
        -Folder4
            -6.txt
            -Folder5
                -7.txt
```

여기서는 MyFolder 아래 Folder1, Folder2, Folder4 디렉토리가 있으며 Folder1 아래 Folder3 디렉토리, Folder4 디렉토리 아래 Folder5 디렉토리가 있다는 것을 알 수 있습니다.

✒ 마무리 문제 정답

1.

1	import os
2	
3	file_path = input("디렉토리 경로: ")
4	os.makedirs(file_path)

■ 설명

3. 디렉토리 경로를 입력받습니다.
4. 해당 디렉토리 경로를 생성합니다.

2.

▶ statistics.py

1	# statistics.py
2	
3	def get_min(arr):
4	min_value = arr[0]
5	for value in arr:
6	if min_value > value:
7	min_value = value
8	return min_value
9	
10	
11	def get_max(arr):
12	max_value = arr[0]
13	for value in arr:
14	if max_value < value:
15	max_value = value

```
16          return max_value
17
18
19     def get_range(arr):
20          min_value = arr[0]
21          max_value = arr[0]
22          for value in arr:
23              if min_value > value:
24                  min_value = value
25
26              if max_value < value:
27                  max_value = value
28          return max_value - min_value
29
30
31     def get_mean(arr):
32          arr_sum = 0
33          for value in arr:
34              arr_sum += value
35          arr_mean = arr_sum / len(arr)
36          return arr_mean
```

■ 설명

3~8. 배열을 인자로 받아 배열의 최솟값을 반환하는 함수를 정의합니다.
11~16. 배열을 인자로 받아 배열의 최댓값을 반환하는 함수를 정의합니다.
19~28. 배열을 인자로 받아 배열의 범위를 반환하는 함수를 정의합니다.
31~36. 배열을 인자로 받아 배열의 평균을 반환하는 함수를 정의합니다.

▶ app.py

```
1   import statistics as stat
2
3   arr = []
4   for i in range(10):
5       value = input(str(i + 1) + "번째 원소: ")
6       value = int(value)
7       arr.append(value)
8
9   print("평균:", stat.get_mean(arr))
10  print("최댓값:", stat.get_max(arr))
11  print("최솟값:", stat.get_min(arr))
12  print("범위:", stat.get_range(arr))
```

■ 설명

1. statistics 모듈을 불러와 stat이라는 이름으로 사용하도록 합니다.
2~7. 원소를 입력받아 배열에 추가해 줍니다.
9~12. statistics 모듈의 평균, 최솟값, 최댓값, 범위를 구하는 함수를 사용하여 반환된 값을 출력합니다.

3.

```
1    import os
2
3    def print_contents(dir, depth):
4        files = os.listdir(dir)
5        for file in files:
6            tab = "     " * depth
7            tab += "-"
8            print(tab + file)
9            if os.path.isdir(os.path.join(dir, file)):
10               print_contents(os.path.join(dir, file), depth + 1)
11
12   dir_name = input("디렉토리명: ")
13   print(dir_name)
14   print_contents(dir_name, 1)
```

■ 설명

3~10. 디렉토리 이름을 입력받아 디렉토리 안의 파일을 출력하는 함수를 정의합니다.

4. os 모듈의 listdir 함수를 통해 폴더 아래 있는 모든 파일 및 디렉토리를 받아옵니다.

6. 탭 문자를 depth만큼 추가합니다. 디렉토리 아래로 들어갈수록 탭 문자를 많이 출력
합니다.

8. 탭 문자와 파일명을 출력합니다.

9~10. 만약 파일이 디렉토리일 경우 다시 print_contents 함수를 호출하여 재귀적으
로 해당 디렉토리 안의 파일을 출력합니다. 이때 depth를 1 증가시켜 넣어 주어 출력
시 하위 폴더임을 표시할 수 있도록 합니다.

12. 디렉토리 이름을 입력받습니다.

14. print_contents 함수를 통해 디렉토리 안의 파일을 출력합니다.

60

PART
02

시간

활용 파트

PYTHON

CHAPTER

05

matplotlib 라이브러리를 이용한 데이터 시각화

PYTHON

이번 단원에서는 데이터를 그래프와 차트 등으로 시각화해 보도록 하겠습니다.

시각화는 어떠한 데이터들을 단순한 숫자가 아닌, 직관적으로 이해하고 파악하기 위해 반드시 필요한 요소입니다.

시각화를 위한 라이브러리가 어떤 것들이 있는지, 라이브러리들을 통해 어떤 시각화가 가능한지, 시각화를 했을 때는 얼마나 데이터가 직관적인지 한번 보도록 하겠습니다.

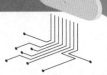
⑤ matplotlib 라이브러리를 이용한 데이터 시각화

1. Matplotlib 라이브러리 설치 및 설명

앞서 배운 라이브러리 설치 방법을 통해 matplotlib를 설치해 보겠습니다.

〉〉〉 pip install matplotlib

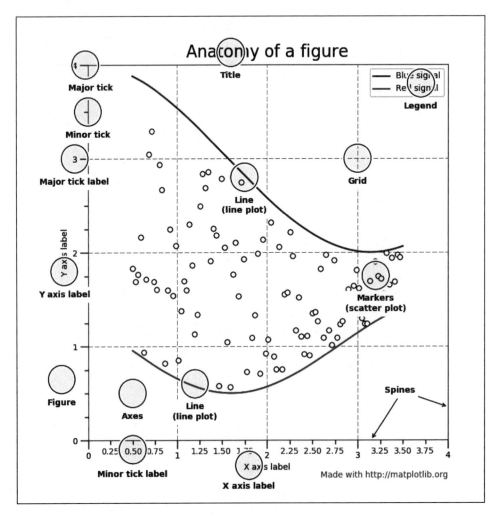

matplotlib 모듈은 데이터를 2차원 그래프로 시각화할 수 있는 모듈로, 위의 그림은 matplotlib 모듈이 어떤 부분들을 편집할 수 있는지, 해당 부분은 무엇인지를 나타내고 있습니다. 2차원 그래프상에 존재하는 모든 것들을 편집할 수 있다고 보면 되겠습니다.

2. Matplotlib 라이브러리 실습

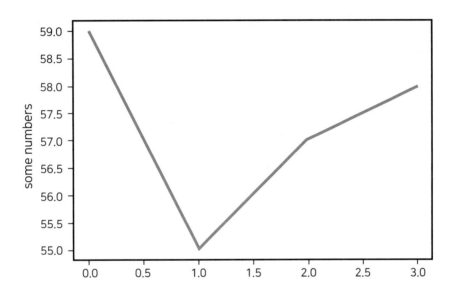

```
import matplotlib.pyplot as plt

plt.plot([59, 55, 57, 58])

plt.ylabel('some numbers')

plt.show()
%matplotlib inline
```

첫 번째 줄에서는 matplotlib라는 모듈 중에서도 pyplot 모듈을 plt라는 이름으로 포함합니다. 이후 plt에 plot이라는 메소드에 [59, 55, 57, 58]과 같은 리스트 데이터를 내 몸무게 변화 추이라 가정하고 입력해 봅시다. ylabel 메소드를 통해 y축에 'some numbers'라는 이름을 추가합니다 마지막으로 show 메소드를 통해 앞서 두 메소드를 통해 입력되어 있는 그래프를 표출합니다. 마지막 줄은 Jupyter notebok 혹은 Jupyter lab 환경에서 표출하기 위한 코드입니다. PyCharm 등에서는 해당 코드 없이도 표출할 수 있습니다.

하지만 위 코드에서 한 가지 이해 안 되는 점이 있을 것입니다. 바로 [59, 55, 57, 58]에 대응하는 x축입니다. 우리가 그래프를 보았을 때, plot 메소드의 데이터는 y축의 값으로 입력된 것을 확인할 수 있습니다. 하지만 꺾이는 지점을 확인해 보면, x축에는 0, 1, 2, 3인 것을 확인할 수 있습니다. 이를 통해 파악할 수 있는 것은, 리스트를 넣으면 기본적으로 y축의 값으로 입력된다는 것과, x축은 0부터 시작해서 1씩 증가하여 리스트의 개수에 맞춰 종료된다는 사실입니다.

다수의 데이터 표출

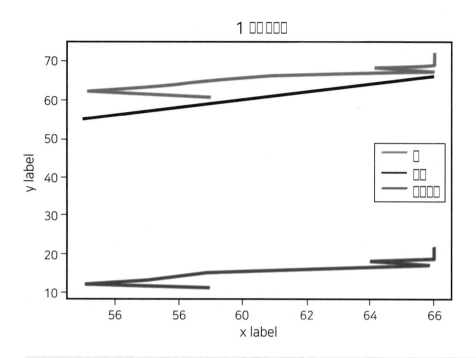

```
import numpy as np
import matplotlib.pyplot as plt


나 = [59,55,57,58,59,61,66,64,66,66]
친구 = []
애완동물 = []


for a in range(1,13):
    친구.append(60+a)
    애완동물.append(10+a)


plt.plot(나, 나, label='linear')
plt.plot(나, 친구, label='quadratic')
```

```
plt.plot(나, 애완동물, label='cubic')

plt.xlabel('x label')
plt.ylabel('y label')

plt.title("Simple Plot")

plt.legend()

plt.show()
%matplotlib inline
```

위 코드는, 앞과 같이 matplotlib의 공식 튜토리얼에 있는 내용으로, 그래프상에 2개 이상의 변수를 동시에 나타내 보았습니다. 이번에는 나, 친구, 그리고 애완동물의 몸무게를 1개월마다, 1년 동안 측정한 결과를 먼저 입력해 보도록 하겠습니다. 나의 몸무게는 변화가 들쑥날쑥하여 일일이 입력하자니 번거로웠습니다. 하지만 친구와 애완동물은 1kg씩 12개월간 쪘다고 가정하여, for문과 리스트의 메소드인 append 메소드를 이용하여 쉽게 리스트를 만들었습니다.

이후 plot 메소드를 선언하였는데, 눈치가 빠르신 분은 이미지가 왜 이상하게 나타났는지를 아실 수 있습니다. 바로 몸무게$_{y값}$에 대응하는 x값이 나의 몸무게이기 때문입니다. 이를 해결하기 위해, 앞부분에 코드 한 줄을 추가하고, 뒷부분의 코드를 수정하겠습니다.

그에 앞서, 도대체 한글들이 왜 네모로 깨졌는지가 더 의문인 분이 많을 것입니다. 따라서 이 현상부터 해결해 보도록 하겠습니다. 이유는 간단합니다. 현재 기본으로 이용하는 폰트가 한글을 지원하지 않기 때문입니다. 파워포인트나 한글 등 각종 문서에서 여러 글씨체를 이용하여 글을 작성하다 보면 알겠지만, 일부 글씨체들은 모든 글씨를 표현할 수 있는 것이 아니어서 표현할 수 있는 글씨가 없다면 기본 폰트로 변환하여 표현합니다. matplotlib은 글을 작성하는 것이 주목적이 아니다 보니, 그리고 한국에서 개발한 것이 아니다 보니, 기본 폰트를 제공하지 않고 문자가 깨져버리는 것입니다. 이러한 맥락에서 다음 코드를 코드 가장 앞부분에 추가합니다.

```python
import matplotlib.font_manager as fm
from matplotlib import rc


font_list = fm.fontManager.ttflist
for a in font_list:
    print(a)


plt.rcParams["font.family"] = "Malgun Gothic"
```

위 코드는 matplotlib 모듈 내에 폰트를 관리하는 모듈, 그리고 폰트를 지정해 주는 모듈을 추가하고, 폰트 리스트를 가져와 출력하고, 폰트를 '맑은 고딕'으로 지정해 주었습니다. 그냥 font_list 변수를 출력하면, 리스트 내 데이터들이 한눈에 확인하기 어렵게 출력되므로 font_list 내 데이터마다 다음 줄에 출력될 수 있도록 for 문과 print 함수를 이용해 보았습니다.

```
import numpy as np
import matplotlib.pyplot as plt

나 = [59,55,57,58,59,61,66,64,66,66,65]
친구 = []
애완동물 = []
날짜 = []

for a in range(1,13):
    날짜.append(str(a) + "월")

for a in range(1,13):
    친구.append(60+a)
    애완동물.append(10+a)


plt.plot(날짜, 나, label='나')
plt.plot(날짜, 친구, label='친구')
plt.plot(날짜, 애완동물, label='애완동물')

plt.xlabel('2018년')
plt.ylabel('몸무게(kg)')

plt.title("Simple Plot")

plt.legend()

plt.show()
%matplotlib inline
```

--->17 plt.plot(날짜, 나, label='나')

ValueError: x and y must have same first dimension, but have shapes(12,) and (11,)

이번에는 그림이 아닌 코드가 먼저 나오고, 오류 코드가 나왔습니다. 오랜만에 보는 오류인데요, 이것 때문인지 그래프도 똑바로 나오지 않습니다! 왜 이런 코드를 예문으로 줬을까요? 저자도 책을 작성하다 보니 실수를 하기도 했고, 이런 실수 때문에 저자가 파이썬을 배울 때 많이 애를 먹었기 때문입니다. 입문 때 혼자서 독학해 나가는 과정에서, 이러한 에러는 엄청나게 시간을 잡아먹기도 하고 의욕도 떨어뜨립니다. 오랜만에 실수해 보니 떠올라서 예제로 남겨 뒀는데요. 천천히 한 번 해석해 봅시다. 해석이 어렵다면 아래의 문구가 해석 결과이니 읽어 보면 되겠습니다.

값 오류 : x와 y는 반드시 같은 1번째 차원을 가져야 하지만, (12)와 (11)의 모양을 가지고 있다.

앞에는 오류가 없었는데 왜 갑자기 이런 오류가 발생했냐구요? 오류가 발생한 지역을 오류의 가장 상단 문구에서 찾아보도록 합시다.

- - ->17 plt.plot(날짜, 나, label='나')

최초의 오류 발생 지점을 가리키고, 밑으로 갈수록 복잡해집니다. 밑은 plot 메소드 중에서도 정확히 어디에서 오류가 났는지를 알려 주는 문구인 것만 알고 넘어갑시다. 오류 메시지와 오류가 발생한 지점을 토대로 파악해 보자면, x와 y의 데이터 수가 같아야 하지만, x는 12개, y는 11개를 줌으로써 오류가 난 것입니다. x는 '날짜' 변수, y는 '나' 변수가 되겠지요? '나' 변수 마지막에 65와 1사이에 ,65를 추가해서, 12개의 데이터로 맞춰 다시 실행시켜 봅시다.

성공했습니다! 애완동물과 친구의 몸무게는 1kg씩 증가했으니 직선이 되겠고, 대략 값도 맞습니다. 그와 다르게 나의 몸무게는 우리가 데이터를 입력한 것과 같이 들쑥날쑥해지고 있습니다. plot 메소드에서는 x값, y값, 라벨을 입력하여 한 종류의 데이터를 추가할 수 있었고, xlabel과 ylabel 메소드를 통해 각각의 축에 이름을 붙일 수 있었습니다. 그리고 title 메소드를 통해 제목을 붙이고, legend 메소드를 통해 나, 친구, 애완동물이 각각 어떤 선으로 표현되어 있는지를 그래프 안에 표시하였습니다. 각각의 메소드의 기능이 맞는지는 하나씩 주석 처리하여 지워 보거나, 기능 내 주어진 값을 조금씩 바꿔 보면 되겠습니다.

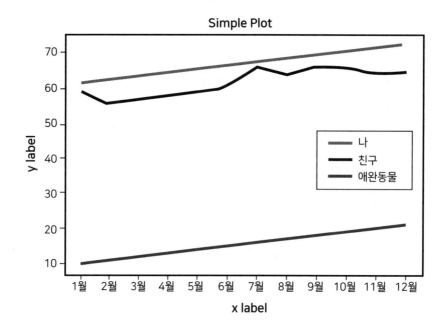

그래프의 속성 변경하기 – 그래프 표현 방법

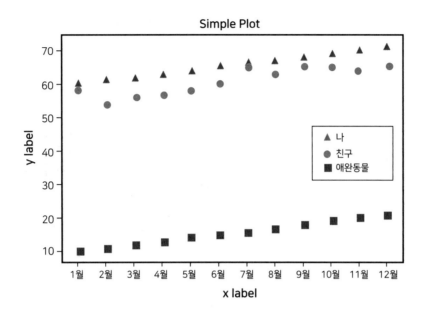

plt.plot(날짜, 나, label='나') plt.plot(날짜, 친구, label='친구') plt.plot(날짜, 애완동물, label=' 애완동물')	plt.plot(날짜, 나, 'ro', label='나') plt.plot(날짜, 친구, 'g^', label='친구') plt.plot(날짜, 애완동물, 'bs', label=' 애완동물')

이번에는 데이터를 선으로 표출하던 것에서 원, 삼각형, 사각형으로 바꿔 보았습니다. 달라진 점은 plot 메소드에서(x축 데이터, y축 데이터, '문자열'), 그러니까 y축 데이터 다음 자리에 어떠한 문자열이 온 것입니다. plot 메소드는 해당 자리에서 특정한 문자열이 입력되면, 해당되는 그래프의 형태로 변경하여 표출합니다. 이전보다 직관적이지는 못하지만, 표출하는 형태를 바꾸는 방법을 알았으니, 다시 되돌리거나, 다른 데이터를 표출할 때 다시 참고하면 되겠습니다.

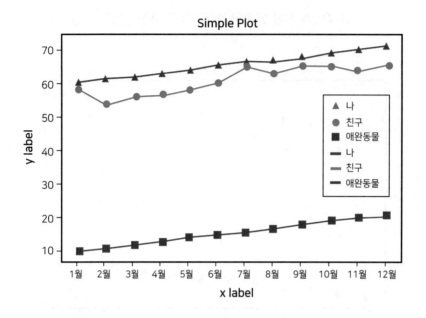

```
plt.plot(날짜, 나, label='나')
plt.plot(날짜, 친구, label='친구')
plt.plot(날짜, 애완동물, label='애완동물')
```

직관성을 다시 향상시키기 위해 직선을 다시 추가해 봅시다. 하지만 원, 삼각형, 사각형을 날리긴 아쉬우니 함께 표현해 보도록 합시다. 방법은 매우 간단합니다. 이전에 원, 삼각형, 사각형을 만들기 위해 수정한 plot 메소드들을 복사하고 붙여 넣은 후 문자열을 지우면 됩니다. plot 메소드가 총 6개가 되는 것이지요.

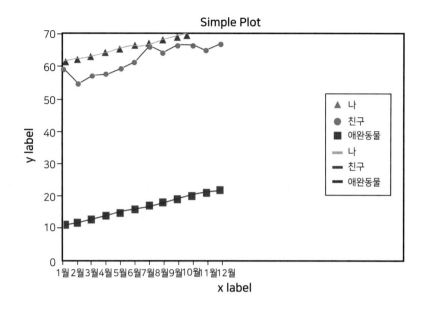

```
plt.axis([0,24,0,70])
```

이번에는 y의 값, 그러니까 몸무게가 70 이하인 데이터만 표출하도록 하겠습니다. 그리고 데이터의 특징상 x축의 값이 12까지 있어야 하지만, 데이터가 존재하지 않아 12에서 끝났던 것을 24까지 늘려 보았습니다. 친구와 몸무게 내기를 24개월 동안 하기로 가정했다고 생각하면 되겠습니다. 이때 이를 위해 데이터를 추가하거나 편집하는 일은 매우 번거로울뿐더러, 데이터를 편집한다는 것은 변수를 복사해서 사용하거나, 데이터 편집이 필요 없음에도 불구하고 임의의 사실을 편집하는 행위가 됩니다. 다행히 대부분의 시각화 모듈은 이러한 문제를 인지하고 있으므로, axis 메소드를 통해 간단하게 조절할 수 있습니다. axis 메소드는 [x 최솟값, x 최댓값, y 최솟값, y 최댓값] 리스트를 받아들여, 각각 정의된 값을 통해 해당 범위로 그래프를 조절합니다. 당연히 동일한 형태의 리스트를 담은 변수도 가능합니다!

이번에는 앞의 예제들과는 달리 axis 메소드를 어디에 추가해야 하는지 알려주지 않았습니다. 사실 matplotlib 모듈은 메소드의 위치를 전혀 고려하지 않아도 되기 때문입니다. 그 이유는, 우리가 어떤 데이터의 계산을 수행할 때 계산의 순서는 매우 중요하므로 반드시 순서를 지켜서 이를 수행했습니다. 하지만 우리가 실제로 집이나 사람을 그릴 때는 어떨까요? 사람에 따라 편한 방법도 있고, 이쁘게 혹은 편하게 그리기 위한 정석도 존재할 것입니다. 모두들 알겠지만, 이러한 정석도 사람마다 차이가 있지요. 시각화 모듈 또한 같은 맥락입니다. 데이터를 추가하는 것과, 표출 범위를 지정하는 것과, 축에 이름을 붙이는 것의 순서는 중요하지 않습니다. 모듈의 메소드를 이용할 때, 메소드마다 정해진 순서만 지키면 되겠습니다.

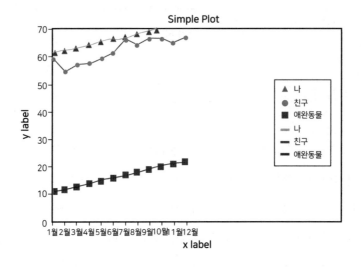

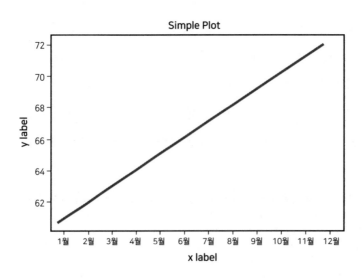

```
plt.axis([0,24,0,70])

plt.figure()
plt.plot(날짜,친구,label='친구')

plt.show()
%matplotlib inline
```

70kg 이하만 보기로 설정하니, 친구의 몸무게가 어느 순간부터 보이지 않습니다. 설정은 유지하되 친구의 몸무게를 다른 그래프에 표현해 보도록 하겠습니다. 저자는 axis 메소드를 show 메소드 앞에 작성했었는데요, 이번에는 show 메소드 앞에 figure 메소드와 plot 메소드를 추가해 보겠습니다. 따라서 2줄의 코드는 앞서 작성한 코드의 마지막 부분과 show 메소드 사이에 작성되었습니다.

새로 작성된 그래프를 보아, figure 메소드는 '위에 존재하는 그래프의 편집은 끝이고, 새로운 그래프를 만들고 편집하겠다.'라는 의미로 해석해도 무방하겠습니다. 그 증거로, figure 메소드 아래에 위치한 코드는 이전의 그래프에는 영향을 주지 않고, 새로운 그래프가 나타나고 해당 영역에 대해서만 영향을 끼치고 있는 것을 확인할 수 있습니다.

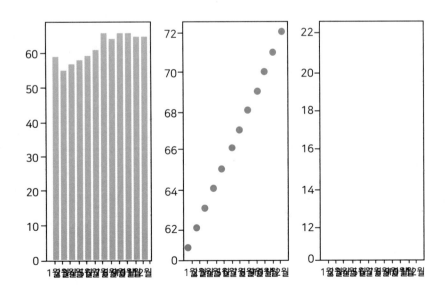

```python
import numpy as np
import matplotlib.pyplot as plt
from matplotlib import rc

plt.rcParams["font.family"] = "Malgun Gothic"


나 = [59,55,57,58,59,61,66,64,66,66,65,65]
친구 = []
애완동물 = []
날짜 = []

for a in range(1,13):
    날짜.append(str(a) + "월")

for a in range(1,13):
    친구.append(60+a)
    애완동물.append(10+a)

plt.subplot(131)
plt.bar(날짜,나)


plt.subplot(132)
plt.scatter(날짜,친구)


plt.subplot(133)
plt.plot(날짜,애완동물)


plt.show()
%matplotlib inline
```

이번에는 3종류의 데이터를, subplot 메소드를 이용해서 3종류의 그래프로 나눠보았고, 이를 한 줄에 나타내 보았습니다. 그래프마다 표현하는 방법이 다른데요, 우리가 가장 익숙한 메소드가 마지막 show 메소드 이전에 보입니다. 바로 plot 메소드입니다. 이 메소드와 그림을 한 번 보고, 그 위에 있는 메소드들과 그림을 보면 무엇이 다른 그래프를 표현하게 만든지 알 수 있습니다. 바로 bar 메소드와 scatter 메소드입니다. 이전에는 plot 메소드 안에서 문자열을 통해 선을 점으로 바꾸었지만, 이번에는 메소드만을 이용해 데이터를 점으로, 그리고 막대그래프로 표현하였습니다.

이러한 종류의 메소드의 기능을 이번 예시를 통해 눈치채 보자면, 메소드가 기본적인 데이터 표현 방법점, 선, 막대그래프 등을 잡아주는데, 이때 메소드에 입력되는 변수들을, 그리고 변수들을 통해 구체적으로 표현하는 것입니다. 모든 데이터를 점으로 표현해야 하는데 일일이 plot 메소드에 문자열을 입력하는 것보단, scatter 메소드를 이용하는 것이 보다 효율적이겠지요?

그리고 앞선 예시에서는 figure 메소드를 통해 코드가 그래프를 구성하는 영역을 가름으로써 데이터를 다른 그래프에 표현하였지만, 이번에는 subplot 메소드가 그러한 역할을 하고 있는 것을 확인할 수 있습니다. 적어도 당장은 subplot 메소드와 figure 메소드는 그래프를 한 줄에 표현하느냐, 아니면 다음 줄에 표현하느냐의 차이라고 이해되도록 보입니다. '적어도 당장의'의 의미를 다음 문단에서 파악해 보겠습니다.

위 그래프에는 문제점이 하나 보입니다. 너무 간격이 좁다는 것입니다. 기본적으로 그래프들이 겹치게 나온다는 것은, y축 라벨을 추가해 주어도 y축 라벨이 오히려 옆 데이터 쪽으로 침범하고, 가리게 만들 것입니다. 이전에는 단순히 figure 메소드를 이용하여 새 그래프를 만들어 줬지만, 이번에는 이를 이용하여 그래프의 배치 간격을 넓혀 보도록 하겠습니다.

```
plt.figure(figsize=(12,3))
```

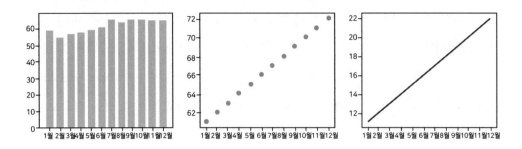

figure 메소드를 기준으로 그래프를 새로 만든다는 사실은 변치 않습니다. 그러니 적어도 첫 번째 subplot 메소드 앞에 위 코드가 추가되어야 할 것입니다. figsize 내에는 리스트든, 튜플이든, 1*2 사이즈의 데이터를 넘겨주면 됩니다. 위 코드에서는 1200*300 사이즈의 칸을 만들어 내며, 이 칸 안에 subplot들을 모두 집어넣습니다. 이제 subplot 메소드의 숫자의 의미를 살펴보기 위해 숫자들을 바꿔 보겠습니다.

```
plt.subplot(221)
plt.bar(날짜,나)


plt.subplot(221)
plt.scatter(날짜,친구)


plt.subplot(224)
plt.plot(날짜,애완동물)
```

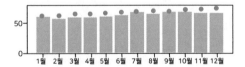

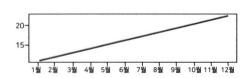

어떤 역할을 하는지 눈치채셨나요? subplot_{xyn}의 구성으로, x*y 사이즈로 그래프가 차지할 수 있는 영역을 설정하되, 그중에서도 n번째 자리에 아래 데이터를 넣는 것입니다. figure와 같이 분기점 역할 말고는 동일한 게 이제는 없어 보입니다.

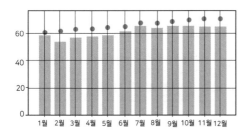

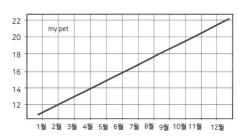

```
plt.subplot(221)
plt.scatter(날짜,친구)
plt.grid(True)


plt.subplot(224)
plt.plot(날짜,애완동물)
plt.grid(True)


plt.text(1, 20,'My Pet')
```

이번에는 격자 모양을 추가해 보았습니다. 1번째 그래프의 경우, 가지는 그래프가 총 2개이지만, 2개가 하나의 칸을 공유하므로 둘 중 하나에만 grid 메소드를 추가해도 격자가 나타납니다. 물론 이때 grid의 메소드에는 True 값이 주어져야 합니다. 모든 메소드들은 True를 활성화, False를 비활성화로 여긴다고 생각하면 되겠습니다. 그렇다면 당연히 grid 메소드에 False를 입력하면 격자가 사라지겠죠?

4번째 그래프에는 'My Pet'이라는 문자열을 추가해 보았습니다. 메소드에 준 x값과 y값에 정확하게 대응하고 있는 것이 보이지요? x가 1인데 왜 2월에 있는지, 설명이 틀린 것이 아닌지 하는 의문이 드시나요? 그렇다면 파이썬 혹은 대부분의 프로그래밍 언어, 그리고 컴퓨터가 수를 세는 기준에 대해 익숙해질 필요가 있습니다. 가장 작은 수는 0이니까, 컴퓨터는 0부터 헤아립니다. 그러니까 text 메소드가 가리킨 건 두 번째로 작은 숫자인 1이고, 정확하게 위치하고 있는 것이 맞습니다.

3. 이와 관련 시각화 라이브러리 소개

이 정도면 기본적인 기능에 대해선 모두 설명한 것 같습니다. 그래프를 어떻게 만드는지부터 구성, 표현 방법 등, 어떠한 데이터가 주어진다면 간단한 도식화는 문제없겠죠? 하지만 좀 더 세련된 디자인이나 효과적인 도식화, 혹은 3D를 원한다면 matplotlib보다는 seaborn, plotly, mayavi와 같은 라이브러리에 대해 공부해보시기 바랍니다.

seaborn : https://seaborn.pydata.org/

통계 데이터 시각화라고 소개하고 있으며, matplotlib에 기초한다고 설명되어 있습니다. 홈페이지에서 하이레벨 인터페이스로 제공된다는 말을 볼 수 있는데, 하이레벨은 처음에 배웠던 개념으로, 일반적인 사용자가 사용하기에 로우 레벨에 비해 상대적으로 용이한 형태라는 의미입니다. 어떠한 라이브러리에 기초하여, 하이 레벨로 제공된다는 설명이 이 라이브러리 말고도 다른 라이브러리에서도 나타날 수 있습니다. 그런 종류의 설명은 대부분 기초하는 라이브러리의 기본 기능은 좋지만, 사용하기 불편하여 용이하게 만들었거나 좀 더 강력한 기능을 제공한다는 의미입니다.

seaborn: statistical data visualization ¶

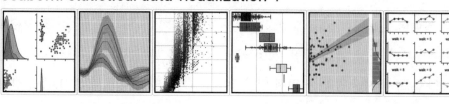

Seaborn is a Python data visualization library based on matplotlib. It provides a high-level
interface for drawing attractive and informative statistical graphics.

For a brief introduction to the ideas behind the library, you can read the introductory notes.
Visit the installation page to see how you can download the package. You can browse the
example gallery to see what you can do with seaborn, and then check out the tutorial and
API reference to find out how.

To see the code or report a bug, please visit the github repository. General support issues
are most at home on stackoverflow, where there is a seaborn tag.

Contents

- Introduction
- Release notes
- Installing
- Example gallery
- Tutorial
- API reference

Features

- Relational: API | Tutorial
- Categorical: API | Tutorial
- Distributions: API | Tutorial
- Regressions: API | Tutorial
- Multiples: API | Tutorial
- Style: API | Tutorial
- Color: API | Tutorial

Back to top

plotly : https://plot.ly/

plotly는 기업용 데이터 시각화 앱으로 소개하고 있으며, 아래 이미지나 홈페이지에 제공되는 예시들을 보면 왜 기업용이라고 설명하는지 파악할 수 있습니다. 단순한 시각화에 그치지 않고, 구성에 따라 시각화된 데이터에 대해 웹상에서 즉각적인 표출과 데이터 속성을 살펴볼 수 있는 등, 이와 같은 기능을 아주 짧은 코드로 구현할 수 있는 라이브러리입니다. 유일한 단점은 부분 유료라는 점일 뿐일 정도로 강력합니다.

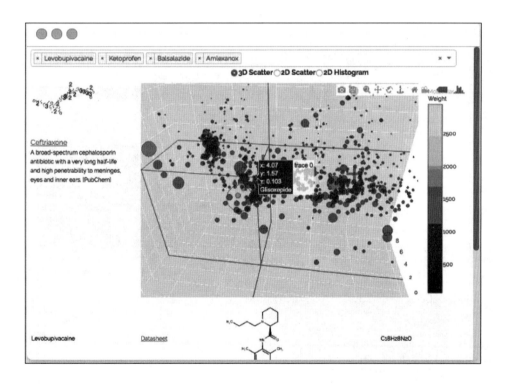

mayavi : https://docs.enthought.com/mayavi/mayavi/

　　mayavi는 시각화 중에서도 3D 시각화에 특화된 라이브러리로, 데이터 표출 시 매우 다양한 형태를 지원하면서도 쉽고 빠르게 된다는 것이 강점입니다. 일반적으로 파이썬은 느리다는 이유로, 고성능을 요구하는 현업에서는 제외되는 경우가 종종 있지만, 일부 라이브러리들은 파이썬으로 이용할 수 있을 뿐, 개발은 속도 측면에 있어서 빠른 편에 속하는 언어로 개발되어 있어 이러한 한계점을 개선하였습니다. 그러한 의미에서 데이터의 3D 시각화까지 요구될 때, 특별한 기능들을 요구하지 않는다면 mayavi는 아주 탁월한 선택일 것입니다.

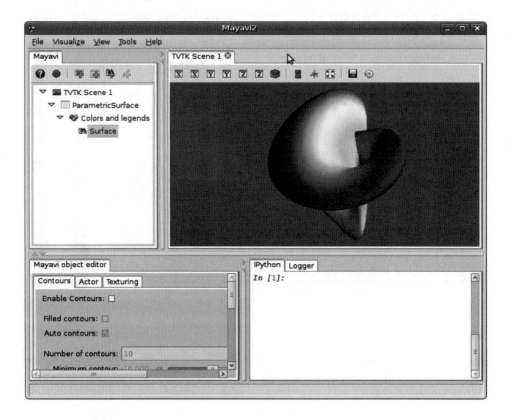

지금까지 matplotlib의 기본적인 기능을 살펴보았고, 다른 라이브러리에 대한 정보도 알아보았습니다. 단순한 matplotlib의 기능뿐만 아니라, 일부러 오류도 내서 해석해 보기도 하고, 임의로 모듈의 숫자를 바꿔가며 모듈의 기능을 파악해 보기도 하였습니다. 시각화도 시각화지만, 이와 같은 훈련은 매우 중요합니다. 파이썬의 가장 큰 장점은 라이브러리가 쉽고 강력한 것인데, 실제로 사용해 보면 문서가 빈약한 경우 마냥 쉽지는 않다는 문제가 있기 때문입니다. 가장 일반적인 시각화 라이브러리를 통해 이를 배워보았습니다.

영상을 읽고 편집하고 쓰는 것은 다루지 않았습니다. 어디까지나 모두가 이용할 만한, 혹은 모두가 흥미로워할 만한 단원만 다루기 때문입니다. 영상의 경우 영상 처리를 요구하는 분야가 아니고선 활용도가 매우 낮고, matplotlib이 아닌 opencv를 통해 수행합니다. 기본적으로 영상은 원래 시각화된 데이터이다 보니, 시각화라는 말을 쓰지 않기도 하구요. 파이썬 영상 처리 도서는 빈약하긴 하지만, 상대적으로 온라인이 강하니 opencv 라이브러리 관련 사이트에서 익혀 보시길 바랍니다. matplotlib과 같은 시각화를 수행해 봤기 때문에 어려움은 없을 것입니다.

CHAPTER

06

win32com과 pywin32를 이용한 컴퓨터 제어 자동화

PYTHON

이번 단원에서는 컴퓨터 제어를 자동화해 보도록 하겠습니다.
일상생활이나 업무에 대한 자동화는 반복적인 작업을 한 번의 프로그래밍으로 단시간에 수행하도록 하여, 삶을 효율적으로 보낼 수 있도록 도와줍니다.
이를 파이썬과 엑셀, 그리고 웹을 통해 배워 보도록 하겠습니다.

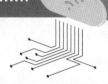

❻ win32com과 pywin32를 이용한 컴퓨터 제어 자동화

1. pywin32 라이브러리 설치 및 설명

〉〉〉 pip install pywin32

이번 단원에서는 win32com이라는 것을 이용하여, 마이크로소프트와 관련된 모든 것까지는 아니더라도 주요 프로그램들을 자동으로 조작하는 것을 배워 보도록 하겠습니다. 마이크로소프트사의 소프트웨어를 자동화한다는 것은, 사실상 윈도우 상에서 발생하는 모든 일과, 강력한 문서 프로그램인 워드와 엑셀, 그리고 메일 프로그램인 아웃룩 등을 조작할 수 있으므로 대부분의 반복적인 사무 업무를 자동화할 수 있다는 의미가 됩니다. 이후 웹에 대한 활동만 자동화하면, 사무 업무뿐만 아니라 웹상으로 발생하는 모든 일까지 편리하게 수행할 수 있겠지요? 예를 들자면, 미리 블로그에 올릴 글 등을 작성해 놓고 일정한 시간이 되면 업로드된다던가, 매일 아침 뉴스를 분류별로 모아 놓는다던가, 텍스트 분류 등이 가능하다면 주식 정보까지! 자동화의 세계로 한번 나아가 보도록 하겠습니다.

본 단원에서 이용하는 win32com 모듈로 자동화할 수 있지만, 너무 많아 모두 다룰 수는 없으므로 뒤편에 대략 지원하는 프로그램 소개와 간단한 예제들이 모아져 있는 사이트를 적어 두겠습니다.

우선 여태까지 수행한 BMI 데이터를 엑셀 파일에 만들어 봅시다.

```
나 = [59,55,57,58,59,61,66,64,66,66,65,65]
친구 = [ ]
애완동물 = [ ]
날짜 = [ ]


for a in range(1,13):
    날짜.append(str(a) + "월")


for a in range(1,13):
    친구.append(60+a)
    애완동물.append(10+a)
```

이 데이터를 계속해서 입력하는 것은 매우 번거롭습니다. 심지어 나의 데이터는 불규칙적이어서 오타가 나기도 쉽구요. 이제 엑셀로 저장을 한번 해봅시다. 그 전에, 엑셀 파일을 만드는 것이 우선이겠지요?

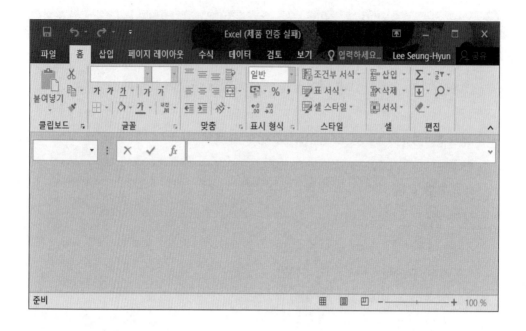

```
import win32com.client as win32
excel = win32.gencache.EnsureDispatch('Excel.Application')
excel.Visible=True
```

아무 데이터도, 시트조차 없는 엑셀 창이 하나 나타났습니다. 이대로는 뭔가 할
수 없겠죠? 그러니 시트를 만들어 봅시다. 물론 코드로만 만들 겁니다!

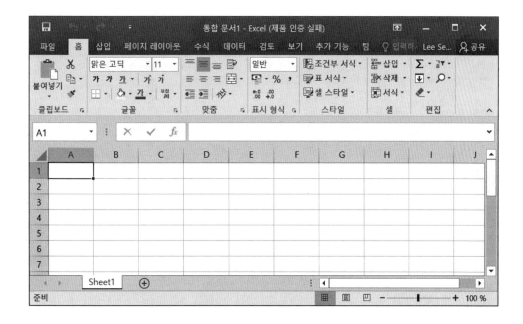

```
wb = excel.Workbooks.Add()
```

시트가 생성되었습니다. 그렇다면 Wrokbooks.Add 는 시트를 추가하는 메소드 겠군요? 동일한 코드를 다시 수행해 봅시다.

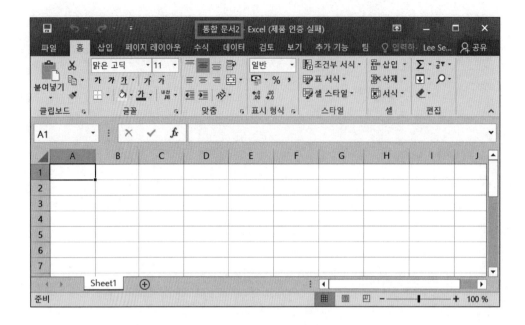

    예상과는 달리, 통합 문서 2라는 이름으로 새로운 파일_{이하 워크북}이 생성되었습니
다. 아까는 그냥 엑셀을 조작하기 위한 창이 나타났을 뿐이고, 무언가를 수행할 수
있는 워크북이 존재하지 않았기 때문에 이와 함께 시트가 나타난 것 같습니다. 워
크북이라 부르는 것과, 메소드를 보아 변수 wb의 의미는 당연히 워크북이겠지요?
이제 시트를 추가해 봅시다.

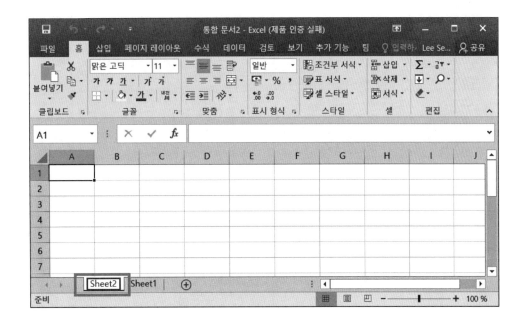

```
ws = wb.Worksheets.Add()
```

통합 문서 2에 새로운 시트가 나타났습니다. 한 번 더하면 또 새로운 시트가 나타나겠지요? 새로운 워크북과 시트를 추가할 때, 기본적으로 우리가 새 파일, 새 시트를 추가할 때와 동일하게 자동적으로 이름이 xxx1, xxx2, ...와 같이 증가하는 것도 확인할 수 있습니다.

근데 앞에 만들어진 통합 문서 1에는 아무런 변화가 일어나지 않습니다. 한번 생각해 봅시다. 분명 'wb = excel.Workbooks.Add'라는 코드를 통해 두 개의 파일을 추가했는데, 마지막에 생긴 워크북만 조작된다는 것은, 우선 우리가 변수를 덮어씌웠기 때문으로 파악하면 되겠습니다. 동일한 변수에 다른 값을 주면 마지막에 남는 준 값만 변수에 저장되는 건 이제 익숙하지요? 그렇습니다. 이 메소드들도 워크북을 만드는 것까지가 직관적이어서 그렇지, 변수에 이 추가한 워크북을 준다는 것은 워크북 자체를 변수에 저장한다는 의미인 것입니다. 슬슬 파이썬에 익숙해져 가나요? 계속해서 편집해 봅시다. 이번에는 이름을 바꿀 차례입니다.

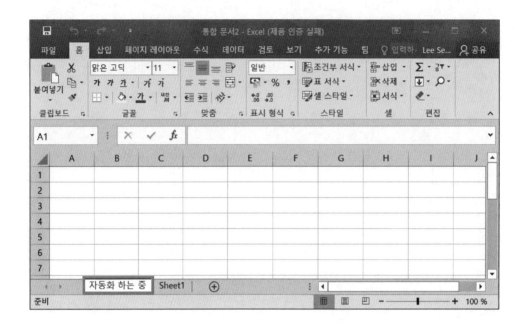

```
ws.Name = "자동화 하는 중"
```

코드를 실행해 보지 않아도 결과가 예상되시나요? 워크시트, 혹은 시트라고 불리는 칸에 "자동화 하는 중"이라는 문자열이 삽입되었습니다. win32com은 매우 직관적이어서, 메소드만 봐도 기능을 눈치챌 수 있고, 사용 방법까지 보면 매우 쉽게 사용할 수 있습니다. 이제 데이터를 한번 넣어 보도록 합시다.

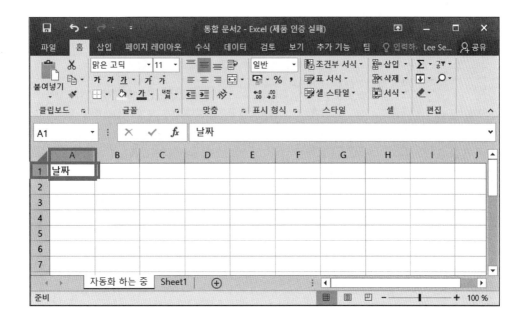

```
ws.Cells(1,1).Value = "날짜"
```

메소드가 매우 직관적이기도 하고, 우리가 익숙한 프로그램 위에 수행하는 것이다 보니 결과물을 보지 않아도 결과가 예상됩니다. 워크시트의 1행 1열 셀의 값에 "날짜"를 넣으라는 단어가 다 들어가 있으니깐요. 그래도 이왕이면 한쪽에는 편집 중인 워크북과 다른 한쪽에는 코드를 두고 실행해봅시다. 처음 파일 편집할 땐 사소한 것들도 신기하고 재밌고, 이게 내가 보고 있을 때 이루어지는 게 정말 재밌으니까요!

이제 우측 칸으로 날짜를 넣어 봐야겠지요?

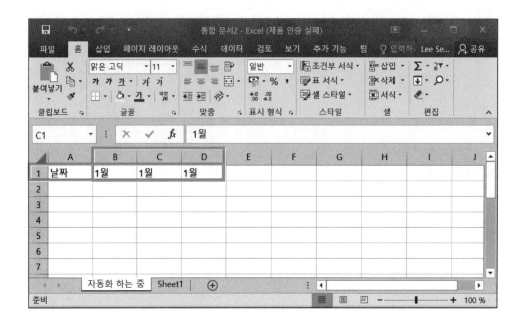

```
ws.Cells(1,2).Value = 날짜
ws.Cells(1,3).Value = 날짜
ws.Cells(1,4).Value = 날짜
```

또 저자의 악취미인 고의적인 실수가 나왔습니다. 왜 3칸 다 1월일까요? 우리가 저 3칸에 어떤 변수를 줬나요? 1월부터 12월까지가 리스트에 담긴 변수입니다. 변수 전체를 줘버리니까, 리스트에 첫 번째 데이터만 입력한 것입니다. 답이 나왔습니다!

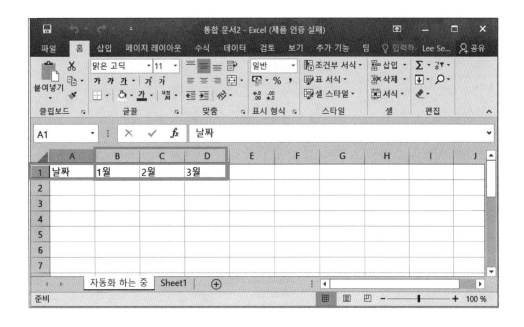

```
ws.Cells(1,2).Value = 날짜[0]
ws.Cells(1,3).Value = 날짜[1]
ws.Cells(1,4).Value = 날짜[2]
```

이번에는 실수는 없지만, 3줄만 짰는데도 벌써 불편하다는 생각이 듭니다. 3줄
입력해서 겨우 1월부터 3월까지 입력하다니? 우리의 파이썬이 이렇게 불편할 리
가 없습니다. 정확하게는, 일부러 코드를 불편하게 한번 짜보았습니다. 이런 식으
로는 코드를 구성하지 말자는 의미에서요. 규칙적으로 일정 범위 내에서 숫자가
증가하니, 반복문을 이용하면 쉽겠지요?

```
for i in range(12):
    ws.Cells(1,2+i).Value = 날짜[i]
```

range 함수에 하나의 숫자만 줬으니, I는 0부터 1씩, 12가 되기 전까지만 증가하고, 그동안만 for문이 반복됐습니다. 그 결과로는 오류 없이 13번째 열까지 리스트에 12개 값 모두가 입력된 것을 확인할 수 있습니다.

하지만 라이브러리에 따라 반복문조차 사용하지 않도록 하는 편리한 기능을 제공하기도 합니다. 마치 시각화에서 배운 표출 범위를 조절하는 axis 메소드처럼요.

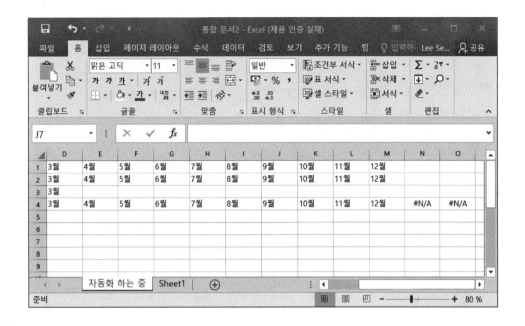

```
ws.Range("B2:M2").Value = 날짜
ws.Range("B3:D3").Value = 날짜
ws.Range("B4:O4").Value = 날짜
```

 셀 하나가 아닌, 범위를 지정해 줬다는 이유로 리스트 내에 모든 변수가 해당 범위에 들어갔습니다. 물론 열을 12개 헤아려서 B부터 M까지라는 방법은 조금 번거롭지만요, 혹시나 덜 세거나 더 세면 어떻게 될지에 대한 코드도 함께 수행해 보았습니다. 덜 셀 때는, 덜 센 만큼만 리스트의 데이터가 입력됐고, 더 셌을 때는 더 센 만큼 #N/A라는 의문의 글자가 입력되었습니다. 이는 No, Not 등의 의미로, 엑셀에서 값이 없을 때의 표현 방법입니다.

 셀에 값을 넣는 방법들은 잘 알겠습니다. 그렇다면 수식은 어떻게 넣을까요? 간단히 문자열을 삽입하면 될까요? 실험해 보도록 합시다.

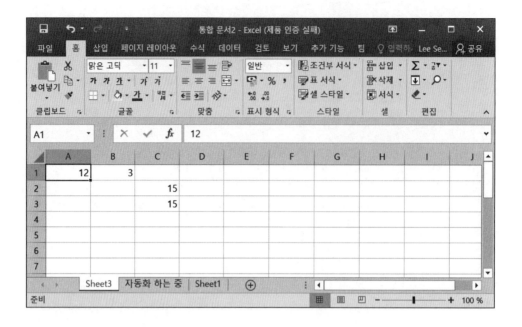

```
ws = wb.Worksheets.Add()
ws.Cells(1,1).Value = 12
ws.Cells(1,2).Value = 3
ws.Cells(2,3).Value = "=SUM(A1:B1)"
ws.Cells(3,3).Formula = "=SUM(A1:B1)"
```

Value 메소드로도 가능하지만, Formula라는 메소드도 동일한 기능을 수행하는 것을 확인하였습니다. 어떤 차이가 있을까요? 공식만 넣을 수 있는 것이 아닐까요? 해보면 알겠지만, Value랑 완전히 같은 기능들을 수행해냅니다. 그래도 이왕이면 Formula라는 메소드를 이용해서 해당 코드는 엑셀의 함수를 위한 것임을 알리는 것이 좋겠습니다. 물론 이게 다가 아닙니다. 아래의 코드를 수행해 봅시다.

```
print(ws.Cells(2,3).Value)
print(ws.Cells(3,3).Formula)
15.0
=SUM(A1:B1)
```

이제야 확연한 차이가 보이시나요? 그렇습니다. Formula 메소드는 확실히 공식을 위한 메소드로 공식만 가져오는 것이 보입니다. 하지만 Value 메소드는 확실히 값만을 위한 메소드로, 입력이야 차이가 없었지만, 출력에 있어서는 정확히 값만 가져오는 것을 확인할 수 있었습니다. 앞으로도 엑셀에서 값과 공식을 이용할 때는, Value와 Formula 메소드를 나눠 사용하는 것이 좋겠습니다.

이제 셀의 값을 편집하는 방법들은 잘 알겠습니다. 엑셀은 보기 좋게 크기를 조절하는 것이 좋기도 하고, 경우에 따라 인쇄용 문서가 되기도 하므로, 이번에는 크기를 조절하는 방법들을 알아봅시다.

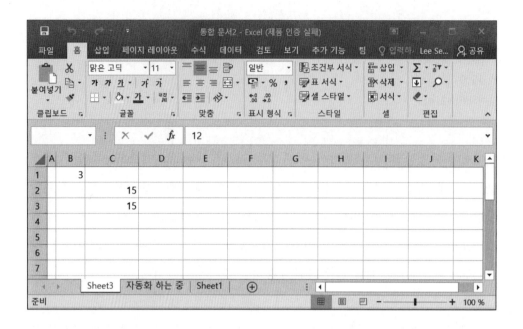

```
ws.Columns(1).ColumnWidth = 1
ws.Cells(1,2).ColumnWidth = 5
ws.Range("C:C").ColumnWidth = 10
```

셀 크기 조절과 함께 조금 다른 방식의 지정 방법도 배웠습니다. 기존의 Cells 와 Range 메소드가 아닌 Columns 메소드입니다. 당연히 Rows도 있겠지요? 사실 Cells로 열이나 행의 크기를 하는 것보단 Rows, Columns 메소드가 용이할 것입니다. 왜냐면 다소 직관적이지 않고 비효율적이기 때문입니다. 하지만 이는 개인 차이이니, 그냥 이런 방법도 있다 정도만 보고 넘어가면 되겠습니다. 지금 셀을 지정하는 방법들을 보면, 각각의 메소드마다 셀을 지정하는 방법만 다르고, 뒤에 메소드는 동일한 것을 확인할 수 있습니다. Columns의 경우 애초에 하나의 열만 가리키는 메소드이고, Cells의 경우 하나의 셀을 가리켜야 하므로 행과 열을 하나씩, 그리고 Range의 경우 최소 단위가 범위이므로, 하나의 셀만 가리키더라도 슬라이싱과 같이 콜론(:)을 이용해야겠습니다.

이번에는 직접 크기를 정하는 것이 아닌, 셀의 내용에 맞게 크기를 조절해 보도록 하겠습니다.

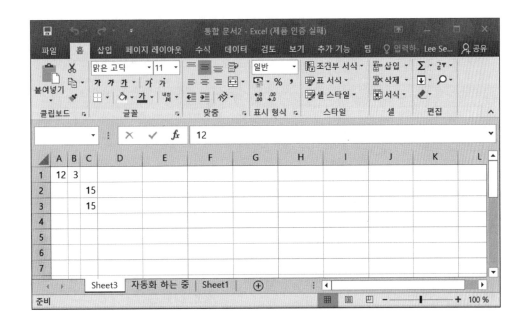

```
ws.Columns.AutoFit()
```

Autofit이라는 메소드를 이용하였는데, 이전과는 다르게 Columns에 아무런 변수를 주지 않고 수행하였으며, 모든 열이 이에 맞춰 편집된 것을 확인하였습니다. 그렇습니다. Autofit 메소드는 셀의 내용에 맞게 크기를 조절하는 메소드이지만, Columns에 변수를 주지 않으면 모든 열에 대해 수행한다는 것을 확인했습니다.

이제 아주 기본적인 편집은 배워보았으니, 좀 더 세밀한 편집을 배워 보도록 하겠습니다.

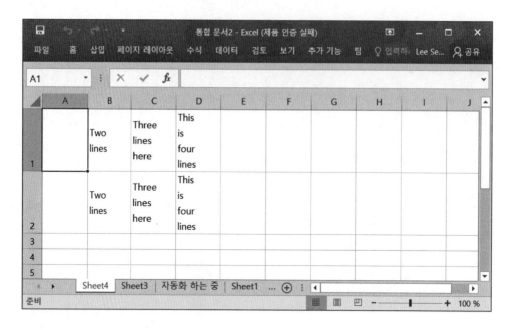

```
ws = wb.Worksheets.Add()
ws.Range("B1:B2").Value = "Two\nlines"
ws.Range("C1:C2").Value = "Three\nlines\nhere"
ws.Range("D1:D2").Value = "This\nis\nfour\nlines"
```

```
ws.Rows(1).RowHeight = 60
ws.Rows(1).VerticalAlignment = win32.constants.xlCenter
ws.Range("2:2").RowHeight = 120
ws.Range("2:2").VerticalAlignment = win32.constants.xlCenter
```

　세밀한 편집에 앞서, 새로운 유형의 텍스트들을 입력해 보았습니다. 그리고 이를 두 가지 방식을 통해 셀의 크기를 조절하고, 정렬까지 수행해 보았습니다. 지금까지의 예제를 토대로, 수많은 엑셀 파일을 관리할 수 있습니다. 'A' 파일에서 내용들을 가져와 반복적인 서류를 자동으로 작성한다든지, 참조가 편할수도 있겠지만 경우에 따라 프로그래밍을 통해 참조 대신에 이용한다든지요. pywin32 말고도 다른 라이브러리들이 있지만, 완벽하게 제어하기 위해선 위 라이브러리가 가장 알맞고 사용에 있어서도 직관적인 편입니다.

CHAPTER
07
Django
웹 프레임워크를
이용한 웹 프로그래밍

PYTHON

이번 단원에서는 웹페이지를 구현해 보도록 하겠습니다.
모든 웹페이지 구현은 프론트엔드와 백엔드 구현으로 나뉘며,
C, 자바, 파이썬 등의 언어는 모두 프론트엔드를 구현하는 언어
는 아닙니다.
따라서 본 장에서는 실무에서 많이 사용되는 Django를 통해
BMI를 관리하는 백엔드를 구현해 보도록 하겠습니다.

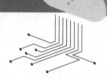

⑦ Django 웹 프레임워크를 이용한 웹 프로그래밍

1. Django 프레임워크 설치 및 설명

지금까지 BMI를 계산하고 비만 여부를 확인했습니다. 이제 이것을 각 사용자마다 자신의 이름, 키, 몸무게를 입력하여 정보를 데이터베이스에 저장할 수 있으며, 사용자 이름으로 조회 시, BMI를 입력 시간별로 그래프로 나타내어 웹페이지에서 출력할 수 있도록 해봅시다.

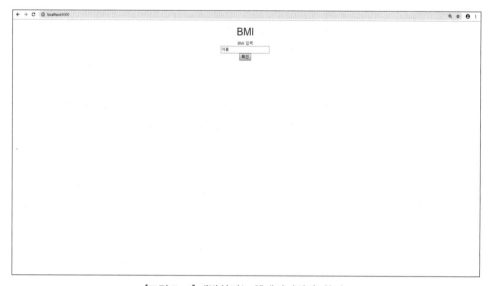

[그림 7-1] 개발하려는 웹페이지의 홈 화면

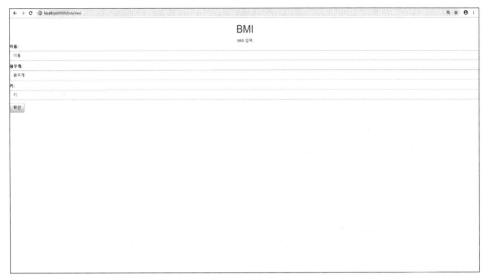

[그림 7-2] BMI 정보 입력 화면

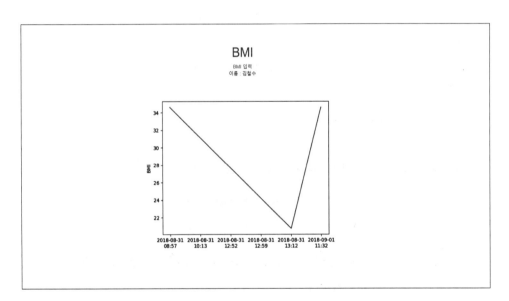

[그림 7-3] BMI 정보 표시 화면

이 책에서는 파이썬 웹 프레임워크 Django를 사용하여 구현을 하였습니다.

우선 가상 환경을 구축하여 해당 가상 환경에서 필요한 모듈들을 설치할 것입니다. 명령 프롬프트를 열어서 다음과 같이 입력하여 가상 환경을 구축 후 활성화시킵니다.

```
〉 python -m venv myvenv
〉 myvenv\Scripts\activate.bat
```

[그림 7-4] 가상 환경 구축 및 활성화

그 후 웹 프레임워크 Django 모듈을 설치합니다.

```
(myvenv) > pip install django
```

[그림 7-5] Django 설치

웹 프로젝트를 생성 후 BMI 어플리케이션을 만듭니다.

```
(myvenv) 〉 django-admin.exe startproject mysite
(myvenv) 〉 cd mysite
(myvenv) mysite> python manage.py startapp bmi
```

[그림 7-6] BMI 어플리케이션 생성

다음으로 생성된 mysite 폴더 아래 setting.py를 수정하여 기존의 기준 시간을 서울 시간 기준으로 변경해 줍니다.

예제 1 setting.py

```
1    TIME_ZONE = 'Asia/Seoul'
```

데이터베이스를 사용하기에 앞서 명령 프롬프트에 다음 명령어를 입력하여 데이터베이스를 초기화해야 합니다.

```
(myvenv) mysite> python manage.py migrate
```

[그림 7-7] 데이터베이스 초기화

2. Django 서버 실행

이제 서버를 실행해 봅시다.

```
(myvenv) mysite> python manage.py runserver
 Performing system checks...


 System check identified no issues (0 silenced).
 January 20, 2019 - 20:02:30

 Django version 2.1, using settings 'mysite.settings'
 Starting development server at http://127.0.0.1:8000/
 Quit the server with CTRL-BREAK.
```

[그림 7-8] 서버 실행

이제 웹브라우저를 열고 localhost:8000 혹은 127.0.0.1:8000으로 접속하면 다음과 같은 웹페이지가 출력됩니다.

[그림 7-9] Django 초기 화면

3. 웹페이지 개발

이번 절에서 만들 페이지는 홈, BMI 정보 입력 페이지, 정보 조회 페이지 총 세 개의 페이지입니다.

1) 데이터베이스 설계

사용자로부터 입력받는 정보는 이름, 키, 몸무게입니다. 이름은 문자열, 키와 몸무게는 숫자입니다.

2) URL 설정

mysite/mysite/urls.py를 열어 다음과 같이 작성합니다.

예제 2 mysite/mysite/urls.py

```
1  from django.conf.urls import include, url
2  from django.contrib import admin
3
4  urlpatterns = [
5      url(r'^admin/', admin.site.urls),
6      url(r'', include('bmi.urls')),
7  ]
```

• 6행: urlpatterns에 BMI 어플리케이션의 urls를 추가합니다.

다음으로 mysite/bmi/urls.py를 생성하여 아래 코드를 추가합니다.

예제 3 **mysite/bmi/urls.py**

```
1  from django.conf.urls import url
2  from . import views
3
4  urlpatterns = [
5      url(r'^$', views.home, name='home'),
6  ]
```

- 5행: r'^$'에 해당하는 URL에 접근 시 views.home 함수를 실행하여 페이지를 반환하겠다는 뜻입니다. r'^$'은 정규식으로 '^'는 문자열 시작, '$'는 문자열 종료를 뜻합니다. 즉 '^$'는 빈 문자열을 나타냅니다.

3) view 추가

view는 사용자가 특정 URL로 접근하여 페이지를 요청할 때, 특정 로직을 수행하여 요청한 페이지를 사용자에게 반환하는 역할을 합니다.

mysite/bmi/views.py를 열어서 다음 코드를 추가해 줍시다.

예제 4 **mysite/bmi/views.py**

```
1  from django.shortcuts import render
2  from django.http import HttpResponse
3
4  def home(request):
5      return HttpResponse('home')
```

- 5행: 'home' 문자열이 보이는 페이지를 반환하도록 하였습니다.

서버를 실행한 후, localhost:8000으로 접속하여 현재까지 만든 페이지를 확인합시다.

```
(myvenv) mysite> python manage.py runserver
```

[그림 7-10] 서버 실행

왼쪽 상단에 'home' 문자열이 출력되는 것을 볼 수 있죠? 오른쪽 마우스를 클릭하여 페이지 소스 보기를 하면 웹페이지 소스를 볼 수 있습니다. HttpResponse로 반환한 'home' 문자열이 있는 것을 볼 수 있습니다.

[그림 7-11] 실행 결과

Django 웹 프레임워크에서는 먼저 URL을 만들고 URL에 해당하는 함수를 이어주는 방식입니다. 웹브라우저에서 URL에 접속 시 연결된 함수에서 웹페이지를 응답하는 방식으로 동작하는 것을 알 수 있습니다.

기본적으로 URL 입력이나 하이퍼링크를 통해 이동을 하는 경우 웹브라우저가

서버에 'GET' 명령을 요청하는 방식으로 동작합니다. 그 외에 웹브라우저가 데이터와 함께 서버에 응답을 요청하는 방법을 'POST' 라고 합니다.

4) Model 추가

Django에서는 모델을 만들어 해당 모델을 데이터베이스에 저장할 수 있습니다. 모델은 자신만의 속성을 가지고 있습니다. 예를 들어 자동차 모델 같은 경우, 엔진이 무엇인지 바퀴가 무엇인지, 몇 인승인지 자신만의 속성을 가질 수 있습니다. 만들고자 하는 웹 어플리케이션에서는 BMI 정보 모델이 있으며, BMI 정보 모델은 이름, 키, 몸무게를 속성으로 가집니다.

우선 mysite/mysite/setting.py에 이전에 생성하였던 BMI 어플리케이션을 추가합니다.

예제 5 mysite/mysite/setting.py

```
1   INSTALLED_APPS = [
2       'django.contrib.admin',
3       'django.contrib.auth',
4       'django.contrib.contenttypes',
5       'django.contrib.sessions',
6       'django.contrib.messages',
7       'django.contrib.staticfiles',
8       'bmi',
9   ]
```

• 8행: BMI 어플리케이션을 추가하였습니다.

다음으로 mysite/bmi/models.py에 BMI 모델을 추가합니다.

mysite/bmi/model.py

```
1    from django.db import models
2    from django.utils import timezone
3
4    class BMI(models.Model):
5        name = models.CharField(max_length=200)
6        weight = models.DecimalField(max_digits=5, decimal_places=2)
7        height = models.DecimalField(max_digits=5, decimal_places=2)
8        date = models.DateTimeField(default=timezone.now)
```

5행: 이름은 문자열 필드로 지정하였습니다.

6행~7행: 몸무게, 키는 숫자 필드로 지정하였습니다.

8행: BMI 모델 저장 시, 시간을 저장하기 위해 date 변수를 추가하였습니다.

명령 프롬프트창에서 아래 명령어를 입력하여 추가한 모델을 데이터베이스에 적용하도록 합니다.

```
(myvenv) mysite> python manage.py makemigrations bmi
(myvenv) mysite> python manage.py migrate bmi
```

[그림 7-12] 데이터베이스에 모델을 적용하는 화면

5) Django 관리자 페이지 접속 후 데이터 추가

Django 관리자로 접속하여 BMI 모델에 데이터를 추가해 보겠습니다. 우선 mysite/bmi/admin.py에서 만든 BMI 모델을 관리자 페이지에 등록합니다.

예제 7 mysite/bmi/admin.py

```
1    from django.contrib import admin
2    from .models import BMI
3
4    admin.site.register(BMI)
```

명령 프롬프트창에서 관리자를 생성합니다. 관리자 계정 아이디, 이메일 주소, 비밀번호를 입력해 주면 됩니다.

```
(myvenv) mysite> python manage.py createsuperuser
Username: admin
Email address: admin@admin.com
Password:
Password (again):
Superuser created successfully.
```

[그림 7-13] 관리자 계정 생성

이제 관리자 페이지에 접속을 하여 데이터를 추가해 봅시다.

localhost:8000/admin 페이지로 이동하여 관리자 계정의 아이디, 비밀번호를 입력합니다.

[그림 7-14] 관리자 계정 로그인

로그인을 하면 다음과 같은 웹페이지가 출력됩니다.

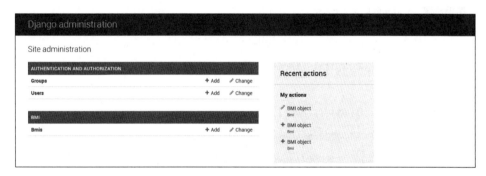

[그림 7-15] 관리자 페이지

관리자 페이지에서 [BMI]-[Bmis]의 Add를 선택하면 다음과 같이 BMI 정보를 추가할 수 있습니다.

[그림 7-16] BMI 정보 추가

6) BMI 출력하기

이번 절에서는 'localhost:8000/bmi/member/이름'을 웹브라우저 URL에 입력하면 BMI 정보를 출력하는 페이지를 만들겠습니다. BMI 모델에 BMI 계산 메소드를 추가합니다.

<table>
<tr><td>예제 8</td><td colspan="2">BMI 계산 메소드 추가</td></tr>
</table>

```
1   from django.db import models
2   from django.utils import timezone
3
4   class BMI(models.Model):
5       name = models.CharField(max_length=200)
6       weight = models.DecimalField(max_digits=5, decimal_places=2)
7       height = models.DecimalField(max_digits=5, decimal_places=2)
8       date = models.DateTimeField(default=timezone.now)
9
10      def calculate_bmi(self):
11          weight = float(self.weight)
12          height = float(self.height) / 100.0
13          return weight / (height * height)
```

- 10행~13행: 객체의 멤버 변수 weight, height를 사용하여 BMI를 계산한 후 반환합니다.

다음으로 mysite/bmi/urls.py에 사용자가 이름을 입력하였을 때, 해당 사용자의 BMI를 보여 줄 페이지의 URL을 추가합니다.

예제 9 | mysite/bmi/urls.py

```
1   urlpatterns = [
2       url(r'^$', views.home, name='home'),
3       url(r'^bmi/member/(?P<name>\w+)$', views.member_bmi,
    name='member_bmi'),
4   ]
```

- 3행: '(?P〈name〉\w+)'를 'member/' 뒤에 추가한 것을 볼 수 있습니다. 이는 'member/' 뒤에 입력한 문자열을 views의 member_bmi 함수에 name이라는 이름을 가진 변수로 전달한다는 뜻입니다. 이때 전달되는 name 변수를 파라미터라고 합니다.

mysite/bmi/views.py에 URL과 연결할 view를 추가합시다.

예제 10 | mysite/bmi/views.py

```
1    from bmi.models import BMI
2
3    ...
4
5    def member_bmi(request, name):
6        bmi_query_set_list = BMI.objects.filter(name=name)
7
8        bmi_list = []
9        for bmi in bmi_query_set_list:
10           bmi_list.append(bmi.calculate_bmi())
11
12       return render(request, 'bmi/member_bmi.html', {'member_name':
     name, 'bmi_list': bmi_list})
```

- 5행: member_bmi 함수에 전달된 name 변수가 추가된 것을 볼 수 있습니다.

- 6행: name을 가지는 객체 정보들을 가져옵니다. 예를 들어 name이 '김철수' 일 경우, BMI 모델에 '김철수'를 name으로 가지는 객체들을 가져옵니다.

- 8행: bmi_list 변수에 빈 배열을 저장합니다.

- 9행~10행: 객체마다 calculate_bmi 메소드를 호출하여 bmi_list 배열에 추가합니다.

- 12행: render는 전달된 데이터를 템플릿에 적용하여 동적인 웹페이지를 만드는 함수입니다. 즉 데이터에 따라서 웹페이지가 변경됩니다.

템플릿은 쉽게 말해 뼈대라고 생각하면 됩니다. 우선 가장 기본 골격이 되는 템플릿을 만들어 봅시다. mysite/bmi/templates/bmi/base.html 파일을 생성합니다.

예제 11 mysite/bmi/templates/bmi/base.html

```
1   {% load staticfiles %}
2
3   <html>
4     <head>
5       <link rel="stylesheet" href="//maxcdn.bootstrapcdn.com/
        bootstrap/3.2.0/css/bootstrap.min.css">
6       <link rel="stylesheet" href="//maxcdn.bootstrapcdn.com/
        bootstrap/3.2.0/css/bootstrap-theme.min.css">
7     </head>
8     <body>
9       <div>
10        <h1 align='center'><a href="/">BMI</a></h1>
11      </div>
12      <div align=' center '>
13        {% block content %}
14        {% endblock %}
15      </div>
16    </body>
17  </html>
```

- 1행: CSS, 이미지 파일과 같은 정적 파일을 불러옵니다.

- 3행~7행: 〈html〉 태그 안에 〈head〉, 〈body〉 태그가 안에 있는 것을 볼 수 있습니다. 해당 구성이 HTML 문서의 기본 골격입니다. 태그란 HTML 문서를 구성하는 명령어 집합으로 웹브라우저는 HTML 문서의 태그를 해석하여 화면에 출력합니다.

- 4행~7행: 〈head〉 태그 안에는 페이지에 대한 정보가 있습니다. 예를 들면 페이지 이름, 외부 요소 링크 등이 있습니다.

- 5행: 〈link〉 태그를 통해 외부 문서 css 파일를 연결합니다. 여기서는 부트스트랩에서 제공해 주는 HTML 문서를 꾸밀 때 사용하는 CSS 파일을 연결하여 사용하도록 하였습니다.

- 8행~16행: 〈body〉 태그 안에는 웹브라우저상에서 보이는 부분이 들어 있습니다.

- 9행~11행: 〈div〉 태그는 말 그대로 블록을 정의하는 요소입니다.

- 10행: 〈h1〉 태그는 제목 태그로 태그 안에 입력한 문자열을 큰 글씨로 출력합니다. 〈h1〉 태그에 포함된 〈a〉 태그는 herf 속성과 함께 자주 사용되는데 href 속성과 이용할 경우 외부 링크로 이동할 수 있습니다. 〈a href=""〉로 입력하면 홈페이지로 이동합니다.

- 13행~14행: {% block content %} {% endblock %} 사이에는 또 다른 템플릿을 추가할 수 있습니다. 즉 base.html을 골격 템플릿이라고 한다면 base.html을 확장하여 여러 html 파일을 만들 수 있습니다.

이어서 mysite/bmi/templates/bmi/member_bmi.html 템플릿 문서 파일을 생성한 후 다음과 같이 입력합니다.

mysite/bmi/templates/bmi/member_bmi.html

```
1    {% extends 'bmi/base.html' %}
2    {% load staticfiles %}
3    {% block content %}
4        <br>
5        <p>이름 : {{ member_name }}</p>
6        {% for bmi in bmi_list %}
7          <div class="bmi_info">
8              <p>{{ bmi }}</p>
9        {% endfor %}
10   {% endblock %}
```

- 1행: 'bmi/base.html' 을 확장합니다.

- 2행: {% load staticfiles %}는 정적 파일을 불러오기 위한 코드입니다.

- 3행~10행: base.html의 {% block content %} {% endblock %} 안에 들어갈 요소 입니다. 즉 블록을 확장하는 의미입니다.

- 4행:
 태그는 공백 라인을 넣어 줍니다.

- 5행: <p> 태그는 하나의 문단을 의미합니다. 즉 <p> 태그로 감싸주면 공백 라인 이 생깁니다. <p> 태그 안에 있는 {{ member_name }} 은 render 함수를 통해 넘 겨준 member_name 변수를 출력합니다.

- 6행~9행: render 함수를 통해 넘겨준 bmi_list에 있는 요소를 꺼내어 각 BMI 값 을 렌더링하여 출력합니다. 템플릿 문서 안에 코드를 집어넣을 수 있음을 볼 수 있습니다.

관리자 페이지에서 BMI 모델에 name을 김철수로 하여 많은 데이터를 입력한 후, 'localhost:8000/bmi/member/김철수' 의 URL로 접근하면 다음과 같이 출력되 는 것을 확인할 수 있습니다.

BMI

이름 : 김철수

34.602076124567475

31.14186851211073

27.68166089965398

24.221453287197235

20.761245674740486

34.602076124567475

[그림 7-17] 실행 결과

7) 입력을 통한 BMI 정보 출력

우선 홈페이지에 이름을 입력할 수 있도록 만들어 봅시다.

mysite/bmi/templates/bmi/home.html 파일을 생성합니다.

예제 13 mysite/bmi/templates/bmi/home.html

```
1    {% extends 'bmi/base.html' %}
2    {% load staticfiles %}
3    {% block content %}
4        <div align='center'>
5            <form action='/' method='post'>
6                {% csrf_token %}
7                <input type="text" name="name" placeholder="이름"><br>
8                <input type="submit" value="확인">
9            </form>
10       </div>
11   {% endblock %}
```

- 5행: 〈form〉은 사용자로부터 입력하는 여러 방식의 영역을 제공하여, 입력받은 데이터를 서버로 전송하는 역할을 합니다. 이때 method 속성으로 서버에 요청할 방식을 설정할 수 있습니다. POST 방식으로 요청 시 〈input〉 태그에 입력한 데이터들이 함께 서버에 전송됩니다. 또한, action 속성으로 요청할 URL을 설정할 수 있습니다.

- 6행: Django에서 제공하는 교차 사이트 요청 위조 방지 기능을 탑재합니다.

- 7행: 〈input〉 태그는 사용자 입력 부분을 나타냅니다. type 속성이 'text'인 경우 문자열을 입력받을 수 있습니다.

- 8행: 〈input〉 태그의 type 속성이 'submit'인 경우 버튼이 출력되며, 해당 버튼을 누르면 〈form〉에 입력된 데이터들이 서버로 전송됩니다.

mysite/bmi/views.py를 수정합니다.

예제 14   mysite/bmi/views.py

```
1   def home(request):
2       #return HttpResponse('home')
3       if request.method == 'POST':
4           name = request.POST.get('name', None)
5           return redirect('/bmi/member/' + name)
6       return render(request, 'bmi/home.html', {})
```

- 3행~5행: home에 POST 방식으로 요청 시, 'localhost:8000/bmi/member/이름'으로 이동합니다.

- 4행: POST 방식으로 요청하면서 보낸 데이터를 name에 저장합니다. 즉 이전의 템플릿 문서에 있던 〈input type="text" name="name"〉 태그가 나타내는 텍스트 필드에 사용자가 입력한 값을 받아올 수 있습니다.

- 6행: home 함수에서 home.html을 렌더링해서 반환하도록 합니다.

홈페이지에서 ⟨form⟩ 태그 아래 ⟨input⟩ 태그에 이름을 입력 후 확인 버튼을 누르면, views.home에 POST 방식으로 요청을 하고, views.home에서 POST 방식으로 요청이 오면 [그림 7-17]과 같이 'localhost:8000/bmi/member/이름'으로 이동하여 BMI 모델에서 이름과 같은 객체 정보들을 가져와 출력합니다.

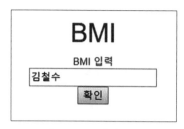

[그림 7-18] 홈페이지

8) BMI 정보 입력 화면 만들기

이전에 HTML ⟨form⟩ 태그로 입력을 받아 서버에 POST 방식으로 요청하였습니다. 이번에는 Django에서 제공하는 폼을 이용하여 입력 양식을 만들겠습니다.

mysite/bmi/forms.py를 생성하여 BMIForm 클래스를 만듭니다.

예제 15 mysite/bmi/forms.py

```
1  from django import forms
2  from .models import BMI
3
4  class BMIForm(forms.ModelForm):
5      class Meta:
6          model = BMI
7          fields = ('name', 'weight', 'height')
8          widgets = {
9              'name': forms.TextInput(attrs={'class': 'form-control',
   'placeholder':'이름'}),
```

10	`        'weight' : forms.TextInput(attrs={'class': 'form-control', 'placeholder':'몸무게'}),`
11	`        'height': forms.TextInput(attrs={'class': 'form-control', 'placeholder':'키'}),`
12	`    }`
13	`    labels = {`
14	`        'name': '이름',`
15	`        'weight': '몸무게',`
16	`        'height': '키 '`
17	`    }`

- 4행: BMIForm은 Django에서 제공해 주는 forms.ModelForm을 상속받습니다.

- 5행: class Meta는 해당 폼을 만들기 위한 정보를 넣을 수 있습니다.

- 6행: 어떤 모델을 사용할 것인지 지정합니다.

- 7행: fields는 필드 정보를 지정합니다.

- 8행: widgets는 fields에 따라 사용자에게 입력받는 형식을 지정합니다.

- 9행~11행: name, weight, height 필드는 사용자로 텍스트를 입력을 받도록 합니다.

- 13행: labels는 입력받는 필드에 대한 설명을 추가할 수 있습니다.

mysite/bmi/urls.py를 수정합니다.

예제 16 mysite/bmi/urls.py

```
1  urlpatterns = [
2      url(r'^$', views.home, name='home'),
3      url(r'^bmi/member/(?P<name>\w+)$', views.member_bmi,
   name='member_bmi'),
4      url(r'^bmi/new', views.bmi_new, name='bmi_new'),
5  ]
```

• 4행: BMI 정보를 입력할 페이지의 URL을 추가합니다.

다음으로 mysite/bmi/views.py를 수정합니다.

예제 17 mysite/bmi/views.py

```
1  def bmi_new(request):
2      if request.method == "POST":
3          form = BMIForm(request.POST)
4          if form.is_valid():
5              bmi = form.save()
6              return redirect('/bmi/member/' + bmi.name)
7
8      form = BMIForm()
9      return render(request, 'bmi/bmi_new.html', {'form': form})
```

• 2행~3행: POST 형식으로 요청을 받을 경우, 받아온 데이터를 변수에 저장합니다.
• 4행~5행: form이 유효할 경우, 즉 BMIForm 클래스에서 지정해 준 형식과 일치할 경우, 데이터베이스에 저장 후 정보를 반환된 정보를 bmi 변수에 저장합니다.

- 6행: bmi 정보에서 이름을 받아와 "/bmi/member/이름" URL로 이동합니다.
- 8행: 이전에 만든 BMIForm 객체를 생성합니다.
- 9행: bmi_new 함수에서 bmi_new.html을 렌더링해서 반환합니다. render 호출 시, BMIForm 객체를 넘기는 것을 볼 수 있습니다.

views.bmi_new가 렌더링해 주는 템플릿 문서를 만들어 봅시다. mysite/bmi/templates/bmi/bmi_new.html 파일을 생성합니다.

예제 18   mysite/bmi/templates/bmi/bmi_new.html

```
1   {% extends 'bmi/base.html' %}
2   {% block content %}
3
4       <div>
5           <form method="POST" class="post-form">
6               {% csrf_token %}
7               {{ form.as_p }}
8               <button type="submit" class='btn btn-default'>확인</button>
9           </form>
10      </div>
11  {% endblock %}
```

- 1행: base.html을 확장했음을 확인할 수 있습니다.
- 7행: bmi_new에서 render를 호출하면서 넘긴 form의 as_p 함수를 호출합니다. as_p 함수는 각각의 폼 필드와 라벨을 각각 <p> 태그로 감싼 후, 문자열 형태로 반환합니다.

mysite/bmi/templates/bmi/base.html를 수정합니다.

mysite/bmi/templates/bmi/base.html

```
1    {% load staticfiles %}
2    <html>
3      <head>
4        ...
5      </head>
6      <body>
7        <div>
8          <h1 align='center'><a href="/">BMI</a></h1>
9          <div align='center'>
10           <a href='/bmi/new'> BMI 입력 </a>
11         </div>
12       </div>
13
14       <div align='center'>
15         {% block content %}
16         {% endblock %}
17       </div>
18     </body>
19   </html>
```

- 10행: '/bmi/new' URL로 이동하는 하이퍼링크를 추가합니다.

홈페이지에서 'BMI 입력' 링크를 클릭하면 BMI 정보를 입력하는 화면으로 이동하는 것을 확인할 수 있습니다.

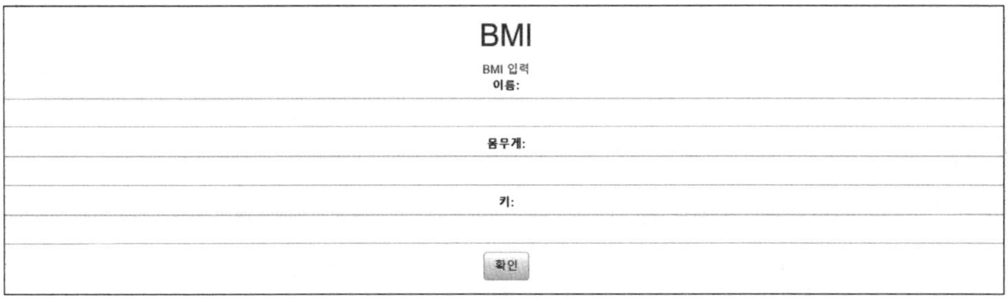

[그림 7-19] 입력 화면

9) BMI 정보의 그래프 출력

이제 마지막으로 BMI 정보를 그래프로 출력하는 페이지를 만듭시다. 이전에는 BMI 정보를 조회할 때, 수치만 목록으로 출력하였습니다. 이번에는 그래프로 출력하도록 합시다.

그래프를 쉽게 그릴 수 있는 matplotlib을 설치합니다.

```
(myvenv) > pip install matplotlib
```

[그림 7-20] matplotlib 설치

mysite/bmi/models.py에 BMI 모델을 수정합니다.

예제 20   mysite/bmi/models.py

```
 1   from django.db import models
 2   from django.utils import timezone
 3
 4   class BMI(models.Model):
 5       name = models.CharField(max_length=200)
 6       weight = models.DecimalField(max_digits=5, decimal_places=2)
 7       height = models.DecimalField(max_digits=5, decimal_places=2)
 8       date = models.DateTimeField(default=timezone.now)
 9
10       ...
11
12       def get_date(self):
13           return self.date.strftime('%Y-%m-%d\n%H:%M')
```

- 12행~13행: BMI 모델에 get_date를 작성하여 날짜 정보를 받아옵니다. 날짜 정보는 'yyyyMMdd\nhh:mm' 형식으로 반환되도록 했습니다.

mysite/bmi/views.py의 member_bmi 함수를 다음과 같이 수정합니다.

예제 21 mysite/bmi/views.py

```
1
2    ...
3
4    import matplotlib
5    matplotlib.use('Agg')
6    import matplotlib.pyplot as plt
7
8    ...
9
10   def member_bmi(request, name):
11       bmi_query_set_list = BMI.objects.filter(name=name)
12       bmi_list = []
13       date_list = []
14       for bmi in bmi_query_set_list:
15           bmi_list.append(bmi.calculate_bmi())
16           date_list.append(bmi.get_date())
17
18       xn = range(len(date_list))
19       plt.ylabel('BMI')
20       plt.plot(xn, bmi_list)
21       plt.xticks(xn, date_list)
22       plt.savefig('bmi/static/temp/' + name + '.png')
23       plt.close()
24
25       img_url = '/static/temp/' + name + '.png '
26
27       return render(request, 'bmi/member_bmi.html', {'member_name':
     name, 'img_url' : img_url})
```

- 15행: bmi_list 배열에 BMI를 추가합니다.

- 16행: data_list 배열에 BMI를 입력한 시간을 추가합니다.

- 22행: matplotlib를 사용하여 그래프를 만들어 저장합니다.

- 25행: 파일이 저장된 위치를 img_url 변수에 저장합니다.

- 27행: render 시 img_url, name 변수를 전달합니다.

mysite/bmi/templates/bmi/member_bmi.html를 수정합니다.

예제 22 **mysite/bmi/templates/bmi/member_bmi.html**

```
1    {% extends 'bmi/base.html' %}
2    {% load staticfiles %}
3    {% block content %}
4        <div align='center'>
5          <p>이름 : {{ member_name }}</p>
6          <img src="{{img_url}}"/>
7        </div>
8    {% endblock %}
```

- 6행: ⟨img⟩ 태그를 통해 그래프를 출력합니다. ⟨img⟩ 태그의 src 속성에 이미지 파일의 위치가 입력되는 것을 확인할 수 있습니다.

'localhost:8000/bmi/member/이름' 으로 이동하여 페이지에 접속을 해봅시다. 이름에는 BMI 정보 입력 시 넣은 이름을 넣어 주면 됩니다. 철수 씨는 요요 현상이 온 것 같군요!

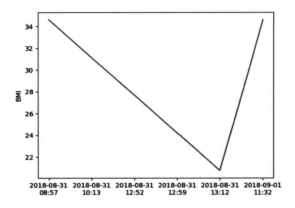

[그림 7-21] BMI가 그래프로 출력된 화면

08 Pygame을 이용한
소코반 게임

PYTHON

이번 장에서는 소코반 게임을 구현하겠습니다.
게임은 수많은 함수와 클래스가 요구되며,
입문 단계에서는 상당히 어려운 프로젝트입니다.
하지만 어려운 난이도만큼 실력 향상에 많은 도움이 됩니다.

8 Pygame을 이용한 소코반 게임

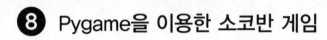

1. Pygame 기본 구성

1) 프로젝트 개요

혹시 소코반이라는 게임을 아십니까? 소코반 게임은 돌을 밀어 지정된 곳에 옮기는 게임입니다.

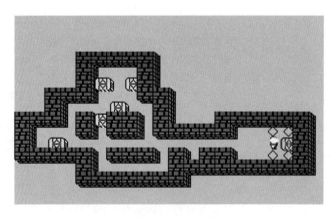

[그림 8-1] 소코반 게임

우리는 색상이 있는 돌을 알맞은 곳으로 옮기는 게임을 만들 것입니다. 사용자가 직접 게임의 맵을 제작할 수 있도록 구현하는 것이 목표입니다.

2) 설치 및 환경 구성

파이썬 라이브러리 Pygame은 간단하고 쉽게 게임을 만들 수 있도록 도와주는 라이브러리입니다. 우리는 Pygame을 통해 소코반 게임을 만들 것입니다. 우선 명령 프롬프트를 열고, Pygame 라이브러리를 설치합니다.

```
> pip install pygame
```

[그림 8-2] Pygame 설치

다음으로 프로젝트를 만들 폴더를 생성합니다. 해당 폴더 아래 코드와 리소스를 추가할 것입니다. 그리고 소코반 게임에 사용되는 게임 맵 파일을 저장하기 위한 폴더를 만듭니다. 다음은 폴더 구조입니다.

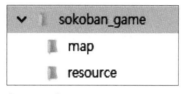

[그림 8-3] 소코반 게임의 폴더 구조

리소스 파일과 코드 파일은 다음의 주소에서 다운로드받을 수 있습니다

https://github.com/ljh1324/sokoban_game

1) Pygame의 구조

Pygame을 이용한 게임은 보통 다음과 같은 코드로 구성됩니다.

예제 1 Pygame으로 만든 게임의 기본 구성

```
1   import pygame
2
3   pygame.init()
4   screen = pygame.display.set_mode((400, 300))
5   done = False
6
7   while not done:
8   for event in pygame.event.get():
9       if event.type == pygame.QUIT:
10          done = True
11      pygame.display.flip()
```

[예제 8-1]의 각 행에 대한 설명은 다음과 같습니다.

- 3행: Pygame에 필요한 모든 모듈을 초기화하는 코드입니다.

- 4행: 원하는 크기의 윈도우를 만듭니다. 그리고 그래픽 요소를 담당하는 Surface 객체를 반환합니다. Surface 객체인 screen에 원하는 그래픽 요소를 그릴 수 있습니다.

- 7행~10행: 이벤트 타입이 닫기 버튼을 누를 때 발생하는 이벤트인 경우 done 을 True로 입력하여 while문을 빠져나가도록 만들었습니다.

- 8행: 윈도우에서 발생한 이벤트 리스트를 받아올 수 있습니다. 이벤트는 키보 드를 눌렀을 경우 발생하는 이벤트와 마우스를 클릭했을 때 발생하는 이벤트

등 다양한 이벤트를 지원합니다.

- 11행: 화면을 새로 업데이트합니다. 화면Screen에 무엇인가를 그리고 나서 flip을 호출해야 사용자에게 출력됩니다.

2) 라벨 및 버튼 생성

게임의 상태를 보여 주는 레이블과 사용자와 상호 작용을 위한 버튼을 클래스로 만들어 봅시다.

프로젝트 폴더 아래 Component.py를 생성 후 다음과 같이 입력합니다.

예제 2 Component.py의 레이블 클래스

```
1   import pygame
2   class Label:
3       def __init__(self, center_pos, font_color, font_size, text): # 생성자
4           self.__center_x = center_pos[0]
5           self.__center_y = center_pos[1]
6           self.__text = text
7           self.__font_color = font_color
8           self.__font = pygame.font.Font(None, font_size)
9
10      def draw(self, screen):
11          txt_surface = self.__font.render(self.__text, True,
    self.__font_color)
12          text_rect = txt_surface.get_rect()
13          text_rect.center = (self.__center_x, self.__center_y)
14          screen.blit(txt_surface, text_rect)
15
16      def set_text(self, text):
17          self.__text = text
```

- 3행: 텍스트가 출력될 위치, 출력될 텍스트, 폰트 색깔, 그리고 폰트 객체를 멤

버 변수에 저장합니다.

- 8행: 새로운 폰트 객체를 만듭니다. filename을 입력하여 지정된 폰트 파일을 이용할 수 있습니다. size를 통해 폰트 크기를 조절합니다. None을 입력할 경우 기본 폰트로 설정됩니다.

- 10행~14행: Surface 객체에 텍스트를 그리는 역할을 하는 메소드입니다.

- 11행: render는 텍스트를 Surface 객체에 그린 후, 해당 Surface 객체를 반환합니다. 호출할 때 antialias값을 True로 설정하면, 보다 부드럽게 그릴 수 있습니다.

- 12행: 이미지가 그려질 rect 객체를 반환합니다. rect 객체는 시작점과 출력될 이미지의 가로, 세로 길이가 저장되어 있습니다.

- 13행: Rect 객체의 중심점을 레이블의 위치로 바꿉니다.

- 14행: 화면을 파라미터로 받아 txt_surface를 화면의 text_rect 위치에 그려 줍니다. screen, txt_surface와 마찬가지로 Surface 객체입니다.

- 16행~17행: 텍스트를 설정합니다.

버튼 클래스를 만듭시다. Component.py의 Label 아래 새로운 클래스인 Button을 추가합니다.

예제 3 Component.py의 버튼 클래스

```
1   class Button:
2       def __init__(self, rect, back_color, font_color, font_size,
    text):
3           self.__rect = pygame.Rect(rect)
4           self.__back_color = back_color
5           self.__text = text
6           font = pygame.font.Font(None, font_size)
7           self.__txt_surface = font.render(text, True, font_color)
8
9       def is_clicked(self, event):
```

```
10              if event.type == pygame.MOUSEBUTTONDOWN:
11                  if self.__rect.collidepoint(event.pos):
12                      return True
13                  else:
14                      return False
15
16      def draw(self, screen):
17          pygame.draw.rect(screen, self.__back_color, self.__rect)
18          text_rect = self.__txt_surface.get_rect()
19          center_x, center_y = self.__rect.center
20          text_rect.center = (center_x, center_y)
21          screen.blit(self.__txt_surface, text_rect)
```

- 2행~7행: 버튼의 위치, 크기가 저장된 rect, 버튼의 색상, 폰트 색상, 폰트 크기, 버튼 내용을 멤버 변수에 저장합니다. Label 클래스와는 다르게 미리 Surface 객체를 만들어 놓습니다.

- 9행: Pygame에서 생성된 이벤트를 파라미터로 받아 이벤트 타입이 마우스 버튼을 클릭했을 때 발생하는 MOUSEBUTTONDOWN인 경우, 그리고 마우스가 rect 위에 있을 경우 True, 아니면 False를 반환하는 메소드입니다.

- 11행: rect 객체의 collidepoint 메소드를 통해서 마우스가 사각형 안에 있는지 확인합니다.

- 16행~21행: Label 클래스와 같은 그리기 메소드입니다.

- 17행: Surface 객체에 rect에 지정된 사각형 구역에 back_color 색상으로 사각형을 그립니다.

이제 버튼 위에 마우스를 가져가면 기본 색상에서 특정 색상으로 변하는 InteractiveButton 클래스를 만들어 봅시다.

```python
1   import pygame
2
3   class InteractiveButton:
4       def __init__(self, rect, normal_color, hover_color, font_color,
    font_size, text):
5           self.__rect = pygame.Rect(rect)
6           self.__normal_color = normal_color
7           self.__hover_color = hover_color
8           self.__text = text
9           self.__flag = False
10          font = pygame.font.Font(None, font_size
11          self.__txt_surface = font.render(text, True, font_color)
12
13      def is_clicked(self, event):
14          if event.type == pygame.MOUSEBUTTONDOWN:
15              if self.__rect.collidepoint(event.pos):
16                  return True
17              else:
18                  return False
19
20      def hover_check(self, mouse):
21          if self.__rect.collidepoint(mouse):
22              self.__flag = True
23          else:
24              self.__flag = False
25
26      def draw(self, screen):
27          if self.__flag == True:
28              pygame.draw.rect(screen, self.__hover_color, self.__rect)
29          else:
30              pygame.draw.rect(screen, self.__normal_color, self.__rect)
31          text_rect = self.__txt_surface.get_rect()
32          center_x, center_y = self.__rect.center
33          text_rect.center = (center_x, center_y)
34          screen.blit(self.__txt_surface, text_rect)
```

- 4행~11행: 버튼의 위치, 크기가 저장된 rect, 버튼의 기본 색상, 마우스가 버튼 위에 있을 때 출력할 색상, 폰트 크기, 버튼 내용을 멤버 변수에 저장합니다. flag에는 마우스가 버튼 위에 있는지 여부를 저장합니다. Button 클래스와 마찬가지로 Surface 객체를 만들어 놓습니다.
- 20행: 마우스의 위치를 파라미터로 받아 마우스의 위치가 rect 위에 있는 경우 flag를 True, 아니면 flag를 False로 지정합니다.
- 26행~34행: flag에 따라 그려지는 사각형을 다르게 하여 마우스가 버튼 위에 왔을 때 표시를 합니다.
- 27행~28행: flag가 True일 경우, 마우스가 사각형 위에 있다는 의미로 hover_color 색상으로 사각형을 그립니다.

3) 게임 메인 화면 만들기

지금까지 만든 클래스를 이용하여 메인 화면을 만들어봅시다. 메인화면에서 게임을 시작할 수 있으며 맵 만들기 화면으로 이동할 수 있습니다.

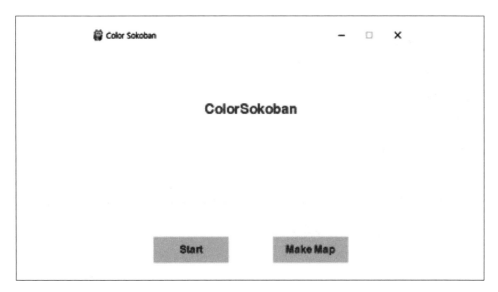

[그림 8-4] 소코반 게임

프로젝트 폴더 아래 defines.py를 만듭니다. defines.py는 게임에 필요한 각종 변수를 저장할 모듈입니다. 화면 크기를 나타내는 SCREEN_SHAPE를 미리 지정했습니다. 또한, 색상을 나타내기 위한 변수도 함께 저장하였습니다. 컴퓨터에 출력되는 색상은 기본적으로 빨간색, 초록색, 파란색의 값을 조합해서 표현하므로, RGB값으로 저장합니다. 색상에 대한 RGB값은 네이버에서 색상표를 검색하면 확인할 수 있습니다.

<table>
<tr><td>예제 5</td><td colspan="2">기본 색상값 저장</td></tr>
</table>

```
1   BLACK = (0, 0, 0)
2   RED = (255, 70, 70)
3   RED_ON = (255, 0, 0)
4   GREEN = (101, 255, 94)
5   GREEN_ON = (0, 255, 0)
6   BLUE = (0, 0, 255)
7   WHITE = (255, 255, 255)
8   YELLOW = (255, 187, 0)
9   BROWN = (204, 114, 61)
10  PINK = (255, 115, 238)
11  GRAY = (140, 140, 140)
12
13  SCREEN_SHAPE = (520, 520)
```

다음으로 프로젝트 폴더 아래 Game.py를 만듭니다. Game.py에 메인 화면을 출력할 game_main 함수를 만듭니다.

game_main() 함수

```python
1   import pygame
2   from pygame.locals import *
3   import sys
4
5   from defines import *
6   from Component import *
7
8   def game_main():
9       screen = pygame.display.set_mode(SCREEN_SHAPE)
10      pygame.display.set_caption('Color Sokoban')
11
12      start_button = InteractiveButton((104, 300, 120, 40), GREEN,
    GREEN_ON, RED, 24, 'Start')
13      make_map_button = InteractiveButton((296, 300, 120, 40), GREEN,
    GREEN_ON, RED, 24, 'Make Map')
14      title_label = Label((260, 100), RED, 32, 'ColorSokoban')
15
16      while True:
17          for event in pygame.event.get():
18              if start_button.is_clicked(event):
19                  game_start()
20              elif make_map_button.is_clicked(event):
21                  game_make()
22
23              if event.type == pygame.QUIT:
24                  pygame.quit()
25                  sys.exit()
26
27              elif event.type == pygame.KEYDOWN:
28                  if event.key == pygame.K_ESCAPE:
29                      pygame.quit()
30                      sys.exit()
31
32          mouse = pygame.mouse.get_pos()
33          start_button.hover_check(mouse)
```

```
34        make_map_button.hover_check(mouse)
35
36        screen.fill(WHITE)
37        title_label.draw(screen)
38        start_button.draw(screen)
39        make_map_button.draw(screen)
40        pygame.display.flip()
41
42   if __name__ == '__main__':
43        pygame.init()
44        game_main()
```

- 9행: defines.py에 저장된 SCREEN_SHAPE 변수의 값으로 메인 화면의 크기를 설정합니다.

- 12행~13행: 사용할 버튼을 생성합니다.

- 18행~21행: 윈도우에서 발생한 이벤트를 가져와 InteractiveButton의 is_clicked$_{event}$ 메소드를 호출하여 버튼을 클릭했을 경우 해당 버튼에 맞는 함수를 실행시켜 줍니다.

- 19행: game_start 함수를 호출하여 소코반 게임을 시작합니다.

- 21행: game_make 함수를 호출하여 소코반 게임맵을 만듭니다.

- 23행~25행: 윈도우 종료 버튼을 누를 경우, 게임을 종료합니다.

- 27행~30행: ESC 버튼을 누를 경우 게임을 종료시킵니다.

- 32행: 마우스의 위치를 가져와 mouse 변수에 저장합니다.

- 33행~34행: 버튼 위에 마우스가 있는지 확인합니다.

- 36행: 화면을 흰색으로 채웁니다.

- 37행~39행: 화면에 draw 메소드를 호출하여 라벨, 버튼을 그립니다.

- 40행: 화면을 업데이트하여 사용자에게 출력합니다.

- 42행~44행: Game.py를 실행했을 경우 pygame.init을 호출해 pygame과 관련된 모듈을 초기화하고 game_main을 호출하여 메인 화면을 출력합니다.

4) 게임 맵 제작 화면 생성

이제 게임 맵을 작성할 수 있는 화면을 만들어 봅시다.

[그림 8-5] 소코반 게임 맵 작성 화면

화면 상단의 Save를 통해 만든 게임 맵을 저장하고 Load를 통해 게임 맵을 불러 올 수 있습니다. RedStone, BlueStone, YellowStone을 선택한 후 게임 맵을 클릭할 경우 해당 색상의 돌_{다이아몬드}을 생성합니다. 게임 맵을 한 번 더 클릭하면 해당 색 상에 맞는 돌을 넣어야 할 곳을 생성합니다.

예를 들어 RedStone을 선택하여 아래 게임 맵을 클릭할 경우, 빨간색의 다이아 몬드가 생기며, 다시 한 번 게임 맵을 클릭하면 빨간색 다이아몬드가 위치해야 할 빨간 원이 생깁니다. 다이아몬드가 위치해야 할 곳을 포탈이라고 합시다.

Brick은 플레이어가 지나지 못하는 벽을 생성합니다. Player는 플레이어를 생성 합니다. Erase는 생성했던 요소를 지울 때 사용합니다.

게임 맵을 그리는 방법은 우선 2차원 배열을 생성하여, 2차원 배열의 값에 따라 해당하는 이미지를 그리는 것입니다.

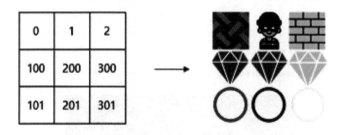

[그림 8-6] 2차원 배열의 게임 맵을 이미지로 변환한 경우

각 아이템에 해당하는 값과 게임 맵의 크기를 나타내는 TABLE_SHAPE를 기존의 defines.py에 정의하였습니다. 나중에 마우스 클릭을 통해 다이아몬드, 포탈을 게임 맵에 번갈아가며 표시하기 위해 돌과 포탈의 변환을 쉽게 할 수 있도록 STONE 과 PORTAL에 해당하는 값의 차이를 1로 두었습니다.

defines.py에 벽돌, 플레이어, 지우개, 돌^{다이아몬드}, 포탈, 게임 맵 크기에 해당하는 값을 추가합시다.

예제 7   각 요소의 값

```
 1    ...
 2
 3    RED_STONE = 100
 4    RED_PORTAL = 101
 5    BLUE_STONE = 200
 6    BLUE_PORTAL = 201
 7    YELLOW_STONE = 300
 8    YELLOW_PORTAL = 301
 9    PLAYER = 1
10    BRICK = 2
11    EMPTY = 0
12
13    TABLE_SHAPE = (20, 20)
```

그리고 게임에 사용하는 각종 함수를 utils.py에 정의합시다.

예제 8 게임에 필요한 각종 함수

```
1    from defines import *
2
3    def mapping(click_pos, start_pos, board_shape, table_shape):
4        delta_x, delta_y = calculate_delta(board_shape, table_shape)
5
6        x = int((click_pos[0] - start_pos[0]) / delta_x)
7        y = int((click_pos[1] - start_pos[1]) / delta_y)
8
9        return x, y
10
11   def calculate_delta(board_shape, table_shape):
12       delta_x = int(board_shape[0] / table_shape[0])
13       delta_y = int(board_shape[1] / table_shape[1])
14       return (delta_x, delta_y)
15
16   def is_stone(item):
17       return item == RED_STONE or item == BLUE_STONE or
               item == YELLOW_STONE
18
19   def is_portal(item):
20       return item == RED_PORTAL or item == BLUE_PORTAL or
               item == YELLOW_PORTAL
21
22   def make_2D_array(shape):
23       return [[0 for x in range(shape[1])] for y in range(shape[0])]
24
25   def portal_to_stone(portal):
26       return portal - 1
27
28   def stone_to_portal(stone):
29       return stone + 1
```

- 3행~9행: 아래 그림과 같이 게임 맵을 클릭했을 때 클릭한 위치_{click_pos}와 게임 맵의 형태_{board_shape}, 테이블의 형태_{table_shape}를 파라미터로 전달하고, 클릭 위치의 테이블상의 x, y 좌표로 반환합니다.

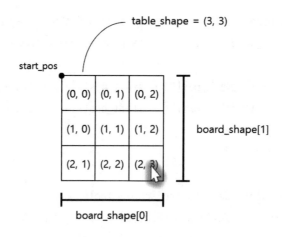

[그림 8-7] 클릭한 위치의 x, y 좌표

- 11행~14행: board_shape를 table_shape로 나누었을 때, 한 칸이 차지하는 가로, 세로 크기를 반환합니다.

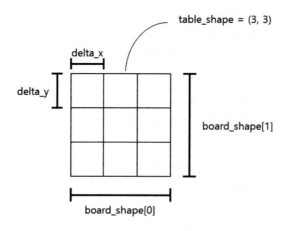

[그림 8-8] 가로, 세로 크기 반환

- 16행~17행: 선택한 요소가 돌일 경우 True를 반환합니다.
- 19행~20행: 선택한 요소가 포탈일 경우 True를 반환합니다.
- 22행~23행: 2차원 배열을 만들어 반환합니다.
- 25행~26행: 포탈을 돌로 바꿉니다. game_make 함수에서 포탈을 사용한 후, 돌을 바로 게임 맵에 추가할 수 있도록 도구를 바꾸는 데 사용됩니다.
- 28행~29행: 돌을 포탈로 바꿉니다. game_make 함수에서 돌을 사용한 후, 포탈을 바로 게임 맵에 추가할 수 있도록 도구를 바꾸는 데 사용됩니다.

이제 게임 맵을 입력받아 Surface 객체에 게임 맵을 그려 주는 BoardPainter 클래스를 만들어 봅시다. 프로젝트 폴더 아래 BoardPainter.py를 만듭니다.

예제 9 BoardPainter.py

```python
1   import pygame
2   import utils
3   from defines import *
4
5   class BoardPainter:
6       def __init__(self, board_rect, table_shape):
7           self.__canvas_x = board_rect[0]
8           self.__canvas_y = board_rect[1]
9           self.__canvas_width = board_rect[2]
10          self.__canvas_height = board_rect[3]
11          self.__table_width = table_shape[0]
12          self.__table_height = table_shape[1]
13          self.__delta_x = int(self.__canvas_width / self.__table_width)
14          self.__delta_y = int(self.__canvas_height / self.__table_height)
15          self.__PORTAL_COLOR = {}
16          self.__PORTAL_COLOR[RED_PORTAL] = RED
17          self.__PORTAL_COLOR[BLUE_PORTAL] = BLUE
18          self.__PORTAL_COLOR[YELLOW_PORTAL] = YELLOW
19          self.load_image_file()
20
21      def load_image_file(self):
22          TILE_IMAGE = pygame.image.load('resource/tile.png')
```

```
23          self.__TILE_IMAGE =
                pygame.transform.scale(TILE_IMAGE,
                                        (self.__delta_x, self.__delta_y))
24
25          BRICK_IMAGE = pygame.image.load('resource/brick.png')
            self.__BRICK_IMAGE = pygame.transform.scale(BRICK_IMAGE,
26                                          (self.__delta_x,
    self.__delta_y))
27
28          PLAYER_IMAGE = pygame.image.load('resource/player.png')
            self.__PLAYER_IMAGE = pygame.transform.scale(PLAYER_IMAGE,
29                                          (self.__delta_x,self.__
    delta_y))
30
31          RED_STONE_IMAGE = pygame.image.load('resource/red.png')
            self.__RED_STONE_IMAGE =
32              pygame.transform.scale(RED_STONE_IMAGE,
                                    (self.__delta_x, self.__delta_y))
33
34          BLUE_STONE_IMAGE = pygame.image.load('resource/blue.png')
            self.__BLUE_STONE_IMAGE =
35              pygame.transform.scale(BLUE_STONE_IMAGE,
                                    (self.__delta_x, self.__delta_y))
36
37          YELLOW_STONE_IMAGE =
                pygame.image.load('resource/yellow.png')
            self.__YELLOW_STONE_IMAGE =
38              pygame.transform.scale(YELLOW_STONE_IMAGE,
                                    (self.__delta_x, self.__delta_y))
39
40      def draw_board(self, screen, board):
41          for i in range(self.__table_height):
42              for j in range(self.__table_width):
43                  image_x = self.__canvas_x + self.__delta_x * j
44                  image_y = self.__canvas_y + self.__delta_y * i
                    screen.blit(self.__TILE_IMAGE,
45                              (image_x, image_y, self.__delta_x,
    self.__delta_y))
46
```

```
47              for i in range(self.__table_height):
48                  for j in range(self.__table_width):
49                      image_x = self.__canvas_x + self.__delta_x * j
50                      image_y = self.__canvas_y + self.__delta_y * i
51                      if board[i][j] == BRICK:
52                          screen.blit(self.__BRICK_IMAGE,
                                      (image_x, image_y, self.__delta_x,
    self.__delta_y))
53                      elif board[i][j] == RED_STONE:
54                          screen.blit(self.__RED_STONE_IMAGE,
                                      (image_x, image_y, self.__delta_x,
    self.__delta_y))
55                      elif board[i][j] == BLUE_STONE:
56                          screen.blit(self.__BLUE_STONE_IMAGE,
                                      (image_x, image_y, self.__delta_x,
    self.__delta_y))
57                      elif board[i][j] == YELLOW_STONE:
58                          screen.blit(self.__YELLOW_STONE_IMAGE,
                                      (image_x, image_y, self.__delta_x,
    self.__delta_y))
59                      elif board[i][j] == PLAYER:
60                          screen.blit(self.__PLAYER_IMAGE,
                                      (image_x, image_y, self.__delta_x,
    self.__delta_y))
61                      elif utils.is_portal(board[i][j]):
62                          color = self.__PORTAL_COLOR[board[i][j]]
                            pygame.draw.ellipse(screen, color,
63                                  (image_x, image_y, self.__delta_x,
    self.__delta_y), 3)
64
65      def draw_portal(self, screen, portal_list):
66          for portal in portal_list:
67              x = portal[0]
68              y = portal[1]
69              want = portal[2]
70              color = self.__PORTAL_COLOR[want]
71              image_x = self.__canvas_x + self.__delta_x * x
72              image_y = self.__canvas_y + self.__delta_y * y
73              pygame.draw.ellipse(screen, color,
                    (image_x, image_y, self.__delta_x, self.__delta_y), 3)
```

- 6행~19행: 게임 맵의 rect 객체를 입력받아 이미지가 출력될 위치를 설정하고, 게임 맵의 한 칸에 해당하는 가로, 세로 크기를 계산하여 변수에 저장합니다. 그리고 게임 맵에 그려질 포탈의 색상을 지정합니다. load_image_file 함수를 호출하여 게임 맵을 그릴 때 필요한 이미지를 불러옵니다.

- 21행~38행: Pygame에서 제공하는 이미지 로드 함수를 이용하여, 이미지를 불러와 이미지 크기를 게임 맵의 한 칸에 해당하는 크기로 바꿉니다.

- 40행~63행: 파라미터로 넘겨준 Surface 객체 화면에 게임 맵 board를 그립니다. 이때 board[i][j]의 값에 따라 화면에 이미지를 그립니다.

- 63행: Surface 객체에 rect 영역 안의 색상으로 원을 그립니다. 가로 크기를 0으로 설정할 경우, 원을 채워서 그리며, 1 이상일 경우, 원을 채우지 않고 가로 크기만큼의 두께로 그립니다. 여기서는 3으로 설정하였습니다.

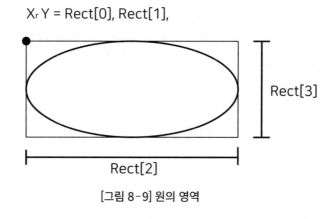

[그림 8-9] 원의 영역

- 65행~73행: 파라미터로 넘긴 Surface 객체 화면에 포탈을 그립니다.

다음으로 게임 맵을 저장하고 불러올 수 있는 함수를 file_handle.py에 정의합니다.

예제 10 load_board() 함수와 save_board() 함수

```python
1   from defines import TABLE_SHAPE
2   import utils
3
4   def load_board(filename):
5       f = open(filename, 'r')
6
7       width, height = TABLE_SHAPE
8
9       line = f.readline()
10      items = line.split()
11
12      board = utils.make_2D_array((width, height))
13
14      idx = 0
15      for i in range(height):
16          for j in range(width):
17              board[i][j] = int(items[idx])
18              idx += 1
19
20      f.close()
21      return board
22
23  def save_board(filename, board):
24      f = open(filename, 'w')
25
26      width, height = TABLE_SHAPE
27
28      for i in range(height):
29          for j in range(width):
30              f.write('{0} '.format(board[i][j]))
31
32      f.write('\n')
33      f.close()
```

- 4행 ~ 18행: 게임 맵을 파일에서 읽어와 각 행렬의 원소를 띄어쓰기로 구분해 출력합니다.
- 23행 ~ 33행: 게임 맵을 저장하는 2차원 배열을 만듭니다. 파일을 읽어서 각 아이템을 행렬에 맞게 저장합니다.

Game.py에 game_make 함수를 만듭니다.

예제 10 load_board() 함수와 save_board() 함수

```
1    …
2    import utils
3    import file_handle
4    from BoardPainter import *
5
6    …
7
8    def game_make():
9        screen = pygame.display.set_mode(SCREEN_SHAPE)
10       pygame.display.set_caption('Color Sokoban')
11       tool = 0
12
13       save_button = Button((10, 10, 40, 30), WHITE, BLACK, 16, 'Save')
14       load_button = Button((50, 10, 40, 30), WHITE, BLACK, 16, 'Load')
15       red_button = Button((100, 10, 60, 30), WHITE, RED, 16,
     'RedStone')
16       blue_button = Button((170, 10, 60, 30), WHITE, BLUE, 16,
     'BlueStone')
17       yellow_button = Button((240, 10, 60, 30), WHITE, YELLOW, 16,
     'YellowStone')
18       brick_button = Button((310, 10, 60, 30), WHITE, BROWN, 16,
     'Brick')
19       player_button = Button((380, 10, 60, 30), WHITE, PINK, 16,
     'Player')
```

```
20    erase_button = Button((450, 10, 40, 30), WHITE, GRAY, 16,
'Erase')

21

22    button_list = [red_button, blue_button, yellow_button,
                   brick_button, player_button, erase_button]

23    tools = [RED_STONE, BLUE_STONE, YELLOW_STONE,
            BRICK, PLAYER, EMPTY]

24

25    screen.fill(WHITE)
26    for button in button_list:
27        button.draw(screen)
28    save_button.draw(screen)
29    load_button.draw(screen)

30

31    board = utils.make_2D_array(TABLE_SHAPE)

32

33    board_rect = pygame.Rect(60, 60, 400, 400)
34    board_painter = BoardPainter(board_rect, TABLE_SHAPE)

35

36    done = False
37    while not done:
38        for event in pygame.event.get():
39            for i in range(len(button_list)):
40                if button_list[i].is_clicked(event):
41                    tool = tools[i]

42

43            if save_button.is_clicked(event):
44                filename = game_input()
45                filename = 'maps/' + filename
46                try:
47                    file_handle.save_board(filename, board)
48                    done = True
49                except:
50                    pass

51

52            elif load_button.is_clicked(event):
```

```
53              filename = game_input()
54              filename = 'maps/' + filename
55            try:
56                board = file_handle.load_board(filename)
57                screen.fill(WHITE)
58                for button in button_list:
59                    button.draw(screen)
60                save_button.draw(screen)
61                load_button.draw(screen)
62            except:
63                board = utils.make_2D_array(TABLE_SHAPE)
64
65        if event.type ==  pygame.QUIT:
66            pygame.quit()
67            sys.exit()
68
69        elif event.type == pygame.KEYDOWN:
70            if event.key == pygame.K_ESCAPE:
71            done = True
72
73        elif event.type == pygame.MOUSEBUTTONDOWN:
74            mouse = pygame.mouse.get_pos()
75            if board_rect.collidepoint(mouse):
76                x, y = utils.mapping(mouse, (board_rect[0],
    board_rect[1]),
                       (board_rect[2], board_rect[3]),
    TABLE_SHAPE)
77                board[y][x] = tool
78
79                if utils.is_stone(tool):
80                    tool = utils.stone_to_portal(tool)
81                elif utils.is_portal(tool):
82                    tool = utils.portal_to_stone(tool)
83
84        board_painter.draw_board(screen, board)
85        pygame.display.flip()
```

- 22행~23행: 버튼이 클릭되었을 때 설정할 도구를 배열로 만들었습니다.

- 33행~34행: 게임 맵이 표시될 위치를 지정하고 board_rect, defines.py에 정의된 TABLE_SHAPE를 파라미터로 넘겨주어 BoardPainter를 초기화합니다.

- 39행~41행: tool 값을 i번째 버튼이 눌렀을 경우 i번째 도구로 설정합니다. tool 값은 사용자가 게임 맵을 클릭했을 때 해당 위치에 tool에 해당하는 아이템을 게임 맵에 추가하기 위해서 필요합니다.

- 43행~50행: save_button이 클릭될 경우, game_input 으로 사용자로부터 파일 이름을 입력받아 file_handle 모듈의 save_board를 사용하여 maps 폴더 아래에 게임 맵을 저장합니다. game_input 함수는 나중에 만들겠습니다.

- 52행~63행: load_button이 클릭될 경우 game_input 으로 사용자로부터 파일 이름을 입력받아 file_handle 모듈의 load_board 를 사용하여 maps 폴더 아래에 게임 맵을 불러옵니다. 불러오고 나서 버튼을 다시 그려 줍니다. 만약 파일을 불러오는 데 실패할 경우 0으로 초기화된 TABLE_SHAPE 크기의 2차원 배열을 생성하여 board에 저장합니다.

- 73행~82행: 마우스로 게임 맵을 클릭하였을 때, 이전에 만든 utils 모듈의 mapping 함수를 사용하여 board_rect에서 클릭된 위치를 table의 x, y 좌표로 변환한 값을 받아옵니다. 그리고 board의 해당 위치에 tool값을 대입합니다. utils 모듈의 is_stone 함수를 사용하여 만약 tool이 돌일 경우 tool을 돌에 해당하는 색상의 포탈로 변경시킵니다. 반대로 tool이 포탈일 경우 tool을 포탈에 해당하는 색상의 돌로 변경시킵니다.

- 84행~85행: board_painter를 사용하여 게임 맵이 저장된 board를 화면에 그린 후, 화면을 업데이트합니다.

5) 파일 이름 입력 화면 만들기

사용자로부터 파일명을 입력받아 반환하는 game_input 함수를 만듭시다.

[그림 8-10] 파일 이름 입력 화면

Game.py에 game_input 함수를 추가합니다.

예제 11 game_make() 함수

```
1    def game_input():
2        screen = pygame.display.set_mode(SCREEN_SHAPE)
3        font = pygame.font.Font(None, 32)
4
5        text = ''
6
7        info_label = Label((260, 220), YELLOW, 32, 'File Name')
8        filename_label = Label((260, 240), YELLOW, 32, ': ')
9
10       done = False
11       while not done:
12           for event in pygame.event.get():
13               if event.type ==  pygame.QUIT:
14                   pygame.quit()
15                   sys.exit()
16               if event.type == pygame.KEYDOWN:
17                   if event.key == pygame.K_RETURN:
```

```
18                    done = True
19                elif event.key == pygame.K_BACKSPACE:
20                    text = text[:-1]
21                    filename_label.set_text(': ' + text)
22                elif event.key == pygame.K_ESCAPE:
23                    text = ''
24                    done = True
25                else:
26                    text += event.unicode
27                    filename_label.set_text(': ' + text)
28        screen.fill(DARK_GRAY)
29        info_label.draw(screen)
30        filename_label.draw(screen)
31        pygame.display.flip()
32
33    return text
```

- 7행~8행: 입력할 정보를 보여 주는 info_label과 입력한 값을 보여 주기 위한 filename_label을 생성합니다.

- 17행~18행: 엔터를 눌렀을 때 while문을 종료하도록 done을 True로 변경합니다.

- 19행~21행: 백스페이스 바를 눌렀을 때 text에 저장된 문자열의 마지막 문자를 잘라냅니다. 변경된 text를 반영하기 위해 레이블 객체의 set_text text를 호출하여 값을 수정합니다.

- 22행: ESC키를 눌렀을 때 text를 비우고 done을 True로 변경합니다.

- 25행~27행: 그 외의 경우 text에 눌러진 키 값을 추가한 후, 레이블 객체의 set_text text를 호출하여 값을 수정합니다.

- 28행~31행: 화면을 DARK_GRAY 색상으로 채우고 info_label, filename_label을 출력합니다.

6) 게임 실행 화면 만들기

마지막으로 대망의 제작한 게임 맵을 실행하는 game_start 함수를 만듭시다.

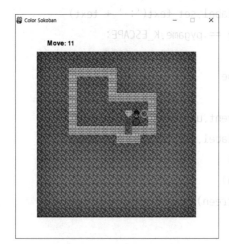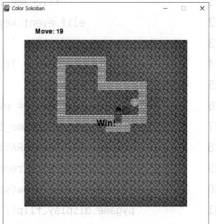

[그림 8-11] 게임 실행 화면

우선 해당 함수에서 쓰이는 방향 변수, 플레이어의 이동 종류를 나타내는 변수를 defines.py에 추가합니다.

예제 11 game_make() 함수

```
1    ...
2
3    UP = 0
4    DOWN = 1
5    LEFT = 2
6    RIGHT = 3
7
8    NOT_MOVE = 0
9    MOVE = 1
10   MOVE_WITH_STONE = 2
```

Sokoban 클래스를 만들어 봅시다. Sokoban 클래스는 게임 맵을 입력받아 플레이어의 위치를 멤버 변수에 게임 맵의 포탈 위치를 포탈 배열에 저장합니다. 또한, 플레이어를 이동시키는 역할을 담당합니다. 프로젝트 폴더 아래 Sokoban.py를 만듭니다.

예제 12 game_input() 함수

```
1   import utils
2   from defines import *
3
4   class Sokoban:
5       def __init__(self, board):
6           self.__shape = (len(board[0]), len(board))
7           self.__player_x = -1
8           self.__player_y = -1
9           self.__game_map = utils.make_2D_array(self.__shape)
10          self.__portal_list = []
11          self.__dx = [0, 0, -1, 1]
12          self.__dy = [-1, 1, 0, 0]
13
14          for y in range(self.__shape[1]):
15              for x in range(self.__shape[0]):
16                  if board[y][x] == PLAYER:
17                      self.__player_x = x
18                      self.__player_y = y
19                      self.__game_map[y][x] = board[y][x]
20                  elif utils.is_portal(board[y][x]):
21                      self.__portal_list.append((x, y, board[y][x]))
22                  else:
23                      self.__game_map[y][x] = board[y][x]
24
25
```

```python
26      def in_range(self, x, y):
27          return 0 <= x < self.__shape[0] and 0 <= y < self.__shape[1]
28
29      def can_move(self, dir):
30          next_x = self.__player_x + self.__dx[dir]
31          next_y = self.__player_y + self.__dy[dir]
32
33          if not self.in_range(next_x, next_y):
34              return False
35
36          if self.__game_map[next_y][next_x] == BRICK:
37              return False
38
39          elif self.__game_map[next_y][next_x] == EMPTY:
40              return True
41
42          if utils.is_stone(self.__game_map[next_y][next_x]):
43              next_x = next_x + self.__dx[dir]
44              next_y = next_y + self.__dy[dir]
45              if not self.in_range(next_x, next_y):
46                  return False
47              if self.__game_map[next_y][next_x] == 0:
48                  return True
49              else:
50                  return False
51
52      def move(self, dir):
53          if self.can_move(dir) == False:
54              return NOT_MOVE
55          next_x = self.__player_x + self.__dx[dir]
56          next_y = self.__player_y + self.__dy[dir]
57          self.__game_map[self.__player_y][self.__player_x] = 0
```

```
58
59          move = MOVE
60          if utils.is_stone(self.__game_map[next_y][next_x]):
61              rockX = next_x + self.__dx[dir]
62              rockY = next_y + self.__dy[dir]
63              self.__game_map[rockY][rockX] =
                                    self.__game_map[next_y][next_x]
64              move = MOVE_WITH_STONE
65
66          self.__game_map[next_y][next_x] = PLAYER
67          self.__player_x += self.__dx[dir]
68          self.__player_y += self.__dy[dir]
69          return move
70
71      def is_win(self):
72          for portal in self.__portal_list:
73              x = portal[0]
74              y = portal[1]
75              want = utils.portal_to_stone(portal[2])
76
77              if self.__game_map[y][x] != want:
78                  return False
79          return True
80
81      def get_game_map(self):
82          return self.__game_map
83
84      def get_portal_list(self):
85          return self.__portal_list
```

• 5행~23행: 입력받은 게임 맵 board 행렬을 탐색하면서 원소가 플레이어일 경우, 플레이어 위치를 멤버 변수에 저장하고, 멤버 변수인 game_map 배열에 board

값을 대입합니다. 게임 맵의 원소가 포탈일 경우, portal_list에 포탈의 위치, 포탈 종류를 추가합니다. 그 외의 경우, game_map 행렬에 board 값을 대입합니다. 또한, 방향에 따라 플레이어가 쉽게 이동할 수 있도록 상하 좌우 값의 방향 정보 변화량을 초기화합니다.

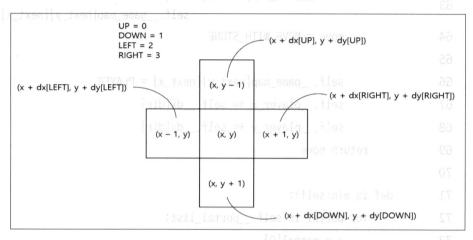

UP = 0
DOWN = 1
LEFT = 2
RIGHT = 3

(x + dx[UP], y + dy[UP])

(x + dx[LEFT], y + dy[LEFT])

(x, y − 1)

(x + dx[RIGHT], y + dy[RIGHT])

(x − 1, y)　(x, y)　(x + 1, y)

(x, y + 1)

(x + dx[DOWN], y + dy[DOWN])

[그림 8-12] 플레이어의 방향 정보

- 26행~27행: x, y 좌표가 게임 맵 안에 있을 경우 True를 반환합니다.
- 29행~50행: 플레이어가 dir에 지정된 방향으로 움직일 수 있을 경우 True를 반환하고, 갈 수 없을 경우 False를 반환합니다. 플레이어를 dir 방향으로 움직였을 때, 해당 위치에 아무것도 없거나 해당 위치에 돌이 있고 뒤에 아무것도 없을 경우 움직일 수 있습니다.

[그림 8-13] 플레이어가 움직일 수 없는 경우

- 52행~69행: 플레이어를 dir에 지정된 방향으로 이동시킵니다. dir 방향으로 움직일 수 없을 경우 NOT_MOVE, 일반 움직임의 경우 MOVE, 돌을 밀면서 움직일 경우 MOVE_WITH_STONE을 반환합니다. 후에 사용자의 움직임에 따라 효과음을 넣어 주기 위해서 어떤 움직임이 있었는지 반환하는 것입니다.
- 71행~79행: portal_list에 저장된 포탈을 전부 원하는 색상의 돌과 같은 위치에 있을 경우 True를 반환합니다.
- 81행~82행 게임 맵_game_map_ 을 반환합니다. game_map에는 포탈이 포함되어 있지 않습니다.
- 84행~85행: portal_list를 반환합니다. portal_list에는 포탈의 위치와 종류가 저장되어 있습니다.

Game.py 안에 있는 game_start 함수는 다음과 같습니다.

```
1     …
2     from Sokoban import *
3     from time import sleep
4
5     …
6
7     def game_start():
8         filename = game_input()
9         filename = 'maps/' + filename
10        try:
11            board = file_handle.load_board(filename)
12            sokoban = Sokoban(board)
13        except:
14            return
15
16        screen = pygame.display.set_mode(SCREEN_SHAPE)
17        push_effect = pygame.mixer.Sound('resource/Metal_Shuffling.wav')
18        walk_effect = pygame.mixer.Sound('resource/Jog_on_concrete.wav')
19        win_effect =
              pygame.mixer.Sound('resource/Battle_Crowd_Celebrate_Stutter.
      wav')
20
21        board_rect = pygame.Rect(60, 60, 400, 400)
22        board_painter = BoardPainter(board_rect, TABLE_SHAPE)
23
24        move_label = Label((120, 40), BLACK, 24, '')
25        move_cnt = 0
26        move_kind = NOT_MOVE
27
28        done = False
29        while not done:
30            for event in pygame.event.get():
31                if event.type ==  pygame.QUIT:
32                    pygame.quit()
33                    sys.exit()
```

```
34              elif event.type ==  pygame.KEYDOWN:
35                  if event.key ==  pygame.K_ESCAPE:
36                      done = True
37                  elif event.key == pygame.K_r:
38                      move_cnt = 0
39                      sokoban = Sokoban(board)
40                  elif event.key == pygame.K_UP:
41                      move_kind = sokoban.move(UP)
42                  elif event.key == pygame.K_DOWN:
43                      move_kind = sokoban.move(DOWN)
44                  elif event.key == pygame.K_LEFT:
45                      move_kind = sokoban.move(LEFT)
46                  elif event.key == pygame.K_RIGHT:
47                      move_kind = sokoban.move(RIGHT)
48
49          if move_kind != NOT_MOVE:
50              if move_kind == MOVE_WITH_STONE:
51                  push_effect.play(maxtime=500)
52              elif move_kind == MOVE:
53                  walk_effect.play(maxtime=500)
54              move_kind = NOT_MOVE
55              move_cnt += 1
56          move_label.set_text('Move: {0}'.format(move_cnt))
57
58          game_map = sokoban.get_game_map()
59          portal_list = sokoban.get_portal_list()
60
61          screen.fill(WHITE)
62          board_painter.draw_board(screen, game_map)
63          board_painter.draw_portal(screen, portal_list)
64
65          move_label.draw(screen)
66          pygame.display.flip()
67
68          if sokoban.is_win():
69              win_label = Label((260, 260), BLACK, 32, 'Win!')
```

70	`win_label.draw(screen)`
71	`win_effect.play(maxtime=2500)`
72	`pygame.display.flip()`
73	`sleep(2.5)`
74	`done = True`

- 8행~14행: game_input 함수를 통해 파일명을 입력받아 maps 폴더 아래에 게임 맵을 불러옵니다. 불러온 게임 맵을 통해 Sokoban 객체를 생성합니다.

- 17행~19행: resource 폴더 아래에 있는 음악 파일을 불러와 Sound 객체를 만듭니다.

- 21행~22행: 게임 맵이 표시될 위치를 지정하고 BoardPainter를 초기화합니다.

- 24행~26행: 이동 횟수를 나타낼 레이블 객체를 만들고 이동 횟수를 0으로 초기화합니다. move_kind는 이동 종류를 저장할 변수입니다.

- 37행~39행: 키보드의 'r' 키를 눌렀을 경우, 게임을 맨 처음 상태로 초기화합니다.

- 40행~47행: 방향키를 누를 경우 각 방향에 따라 Sokoban 객체의 플레이어를 dir 방향으로 이동시킨 후, 이동 종류를 반환하는 move$_{dir}$를 호출합니다.

- 49행~55행: 플레이어 이동 후 반환값으로 받은 move_kind가 NOT_MOVE가 아닌 경우, 움직임 종류$_{move\_kind}$에 해당하는 Sound를 재생시키고 move_cnt를 1 증가시킵니다.

- 56행: move_cnt를 반영하기 위해 레이블 객체의 set_text$_{text}$를 호출하여 값을 수정합니다.

- 58행~63행: Sokoban 객체의 game_map과 portal_list를 받아온 후 board_painter를 이용하여 화면에 출력합니다.

- 68행~73행: Sokoban 객체의 is_win을 호출하여 모든 돌을 적절한 색상의 포탈에 이동시켰을 경우, win_label 보여 주며 승리 음악을 재생합니다. 화면 업데이트 후 바로 메인 화면으로 넘어가는 것을 방지하기 위해, sleep 함수를 통해 2.5초간 지연시킵니다.

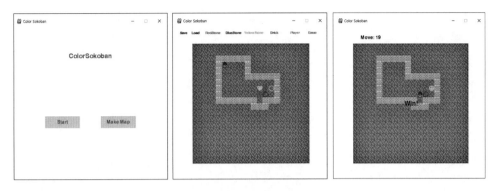

[그림 8-14] 소코반 게임의 완성 화면

이제 모든 게임 화면을 다 만들었습니다. 여기까지가 소코반 게임을 만드는 과정입니다. 본 책에서 다룬 소코반 게임은 매우 간단한 게임이지만, 만드는 과정이 결코 쉽지 않고, 입문자의 입장에서 이해하기 어려울 것입니다. 하지만 예제 코드를 천천히 따라하면서, 여러 번 반복하여 작성을 하다 보면, 어느새 코드를 완벽하게 이해하는 자신을 볼 수 있을 것입니다!

■ 리소스 출처

1. 음원
   구글 오디오 라이브러리(https://www.youtube.com/audiolibrary/music)

2. 이미지
   Flaticon(https://www.flaticon.com/)
   다이아몬드 이미지: Smashicons(https://smashicons.com/)
   블록 이미지: Freepik(https://www.freepik.com/)
   도둑 이미지: Freepik(https://www.freepik.com/)
   타일 이미지: Smashicons(https://smashicons.com/)

CHAPTER

09 다양한 실제 활용 사례

PYTHON

전반에서는 파이썬의 기본, 후반에서는 파이썬의 간단한 응용을 배웠다면 이번
장에서는 영상 처리와 같이 실세계의 데이터 활용 및 분석을 배워 보겠습니다.
SNS나 카메라 어플리케이션에서 제공되는 사진의 필터와 같은 영상 처리, 실제
로 거래되고 있는 주식시장에 대한 금융 분석, 그리고 지도 및 지도 상에 데이터
표현을 다뤄보도록 하겠습니다.

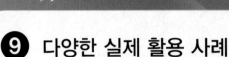

9 다양한 실제 활용 사례

1. OpenCV를 이용한 영상 처리

OpenCV 라이브러리는 예전엔 설치가 어려웠지만, 지금은 pip install로 가능하며, whl로도 충분히 가능합니다. whl의 설치 방법은 부록에 소개되어 있으며, cmd에서 다음과 같은 pip 명령어를 통해 설치할 수 있습니다.

pip install opencv-python

본 교재가 영상 처리 자체를 위한 도서는 아니므로, 각각의 영상 처리 개념에 대해서 개략적으로 설명하도록 하겠습니다. 영상 처리 Image Processing는 단순히 실세계를 표현한 영상으로부터 특수한 정보를 얻거나, 영상들을 이용하여 새로운 영상을 만들어 내는 등의 행위이자 학문입니다. 컴퓨터 비전 Computer Vision 분야의 기초 혹은 같은 개념으로 여겨지는데요, 얼굴을 따라다니며 무언가를 꾸며 주는 촬영 모바일 애플리케이션 'SNOW', 얼굴 인식, 혹은 지문 인식 또한 이와 같은 기술을 이용한 것입니다. 쉽게 말해서, 컴퓨터 입장에서 사람 얼굴 영상은 그냥 값이 배열 형태로 모여 있을 뿐 사람 얼굴이 아닙니다. 그래서 일반적으로 특별한 기능 없이 얼굴의 피부 색조를 보정하거나 이와 같은 기능을 수행할 수 없습니다. 이처럼 영상 내 특정 객체를 인식하고, 객체를 위주로 무언가를 수행하는 것이 주목적입니다. 이는 결국 영상이 단순히 2차원 이상의 데이터일 뿐이기 때문입니다^{그림 9-1}.

앞서 경험했듯 파이썬의 강점은 라이브러리입니다. 라이브러리에는 두 가지 이점이 있습니다. 우리가 수백 줄의 코드를 통해 구현해야 할 기능들이 수십 줄에서 한두 줄까지 줄어드는 것, 그리고 단순히 수많은 코드를 구현하는 것이 아니라 매우 많은 조사와 어려운 알고리즘을 구현하는 것을 해결해 준다는 장점이 있습니다.

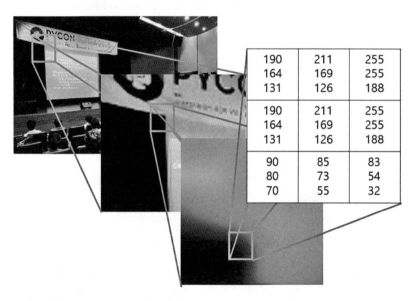

[그림 9-1] 영상의 기본 개념

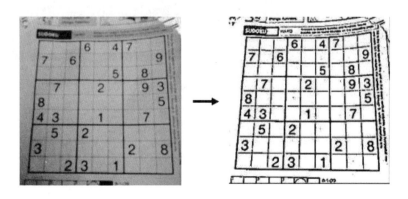

[그림 9-2] 영상을 완전히 흑(0)과 백(1)으로 나누어 구분

[그림 9-3] 영상 처리를 통한 차선과 차량 등 인식

1) 영상 입출력 및 표출

[그림 9-3] 표출 예제 영상, matplotlib(좌), OpenCV(우)

```
1    import cv2
2    import matplotlib.pyplot as plt
3
4    path = 'D:/승현/집필/영상 처리/'
5    img_name = 'img.jpg'
6
7    img_name2 = 'D:/승현/집필/영상 처리/img.jpg'
8
9    img = cv2.imread('D:/승현/집필/영상 처리/그림4_영상_불러오기.jpg',0)
10
11   cv2.imshow('image',img)
12   cv2.waitKey(0)
13   cv2.destroyAllWindows()
14
15   cv2.imwrite('imwriteTest.png',img)
16
17   %matplotlib inline
18   plt.imshow(img)
19   plt.show()
```

영상을 읽어 오고, 표출하는 것부터 시작해 보겠습니다. 영상을 읽어올 때는 imread 메소드를 이용합니다. 메소드의 첫 번째 인자에는 파일이 존재하는 경로와 파일명을 넣어 주는데, 방법이 총 3가지가 있습니다. (1) path + img_name의 형태로 경로와 파일명을 구분해서 넣어 주거나, (2) img_name2와 같이 변수 하나에 모두 넣거나, (3) 예시에서 사용한 방법인 변수를 사용하지 않는 방법입니다. 각각의 방법은 상황에 따른 장단점이 존재합니다. 예를 들어 반복문에 들어가 수많은 영상을 불러오는 경우, 동일한 경로에 있다면 파일명만 바꾸면 될 것입니다. 이러한 경우에는 1번 방법을 이용하는 것이 편리합니다. 하지만 하나의 영상으로만 무언가를 수행할 때는 2번과 3번이 편하겠습니다. 이때 변수에 인자를 넣고 수행할지(2), 바로 넣어 줄지(3)는 사용자의 선택입니다. 영상 표출의 경우, matplotlib 라이브러리를 이용하는 방법과 OpenCV^{cv2} 라이브러리를 이용하는 방법이 있습니다. 이 또한 방법만 알아 두고 개인의 선호에 따라 이용하면 되겠습니다. OpenCV의 경우, imshow 메소드에서는 (창의 이름, 영상 변수)로 시각화를 수행하는데, 이때 waitKey$_n$ 메소드를 통해 창이 어떠한 입력을 받기 위해 켜져 있을 시간$_{n\ millisecond}$을 설정하고 destroyAllWindows 메소드로 창이 꺼지도록 합니다. 일반적으로는 위 3가지 메소드가 표출하는 상황의 하나의 세트라고 생각하면 되겠습니다. waitKey 메소드의 경우 인자로 입력하는 값을 바꿔 보면 실험할 수 있겠습니다. 1ms$_{milliesecond}$는 1000분의 1초이니, 1000ms가 1초가 되겠습니다.

> **■ 오류**
>
> 종종 다음과 같은 에러를 확인할 수 있습니다.
>
> ```
> error: OpenCV(4.0.0) C:\projects\opencv-python\opencv\modules\highgui\
> src\window.cpp:350: error: (-215:Assertion  failed) size.width>0 && size.
> height>0 in function 'cv::imshow '
> ```

2) 영상 이진화

[그림 9-4] 이진화 예시 1

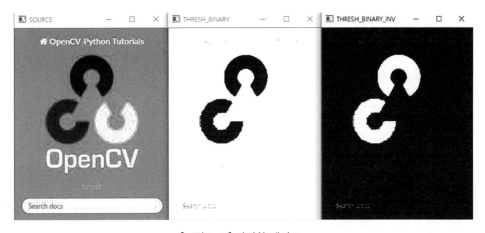

[그림 9-5] 이진화 예시 2

```
1    import cv2
2
3    img = cv2.imread('C:/fig4.jpg')
4
5    ret,thresh1 = cv2.threshold(img,127,255,cv2.THRESH_BINARY)
6    ret,thresh2 = cv2.threshold(img,127,255,cv2.THRESH_BINARY_INV)
7
8    cv2.imshow("SOURCE", img)
9    cv2.imshow("THRESH_BINARY", thresh1)
10   cv2.imshow("THRESH_BINARY_INV", thresh2)
11
12   cv2.waitKey(0)
13   cv2.destroyAllWindows()
```

이번에는 영상 이진화를 수행해 보았습니다. 영상 이진화는 특정한 함수를 기준으로 영상을 흑과 백으로 2가지 색으로 나누는 것을 의미합니다. 주로 글씨를 구분하거나, 획득된 영상으로부터 경계선^{특징}만 남기는 등의 경우에 사용합니다.

본 코드에서 threshold 메소드는 입력받는 함수와 임계값을 이용하여 입력 영상에 대해 검은색과 흰색^{최곳값}이 진화를 수행합니다.

cv2.threshold(영상, 임계값, 최곳값, 함수)

하지만 단순히 위의 코드대로 수행하면 흑백이 아닌 완전히 다른 색으로 변경하는 것을 확인할 수 있습니다. 이는 간간히 본 도서에서 언급했던 것과 같이, 컬러 영상은 3차원 행렬 구조이기 때문입니다. 한마디로, threshold 메소드가 입력받은 영상은 2차원 영상흑백이 아닌 3차원 영상컬러를 입력받았고, 이에 따라 이진화를 수행하여도 계속해서 3차원으로 구성해 놓았기 때문에 완전히 다른 색상의 영상이 나타나는 것입니다. 이를 해결하기 위해서는 영상 입력 후에 다음과 같은 코드를 추가하면 되겠습니다.

```
img = img[:,:,0]
```

이 코드는 img 변수의 전체 행, 전체 열, 그리고 0번1번째 행렬을 img로 재지정하는 코드입니다. 당연히 현재 영상은 3차원이므로 0은 1이나 2가 될 수도 있으며, 이에 따라 이진화 결과 영상은 다르게 바뀝니다.

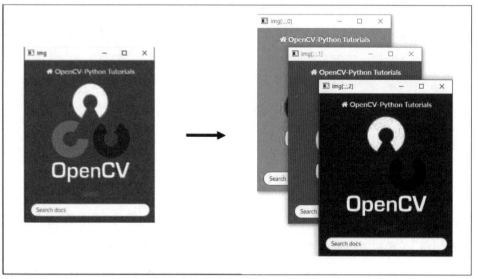

[그림 9-6] 컬러 영상의 원리 및 차원의 개념

영상 이진화를 임계값이 아닌, 자동으로 수행하는 방법도 존재합니다. 이는 수치상 이진화하기에 적절한 부분을 찾는 알고리즘을 통해 이루어집니다.

[그림 9-7] 차원에 따른 Otsu's 이진화 알고리즘 수행 결과

3) 영상 스무딩

이번에는 영상 스무딩Smoothing 이라는 것을 배워 보겠습니다. 그대로 해석하자며 영상을 부드럽게 만들어 주는 것으로, 영상에 갑자기 튀는 오류 픽셀노이즈, 잡음 을 제거하는 기능을 가집니다. 기본적인 스무딩의 원리는 매우 간단합니다. 모든 각각의 픽셀값을 근처 픽셀들의 값을 참고하여 수정하는 것입니다. 스무딩은 블러링으로 불리기도 하며, 조금은 다른 의미이지만 필터링이라고 불리기도 합니다.

아래의 계산을 수행하는 n*n 행렬을 필터라고 부릅니다. 필터의 메소드는 수많은 연구가 진행되어 다양하게 존재하고 있으며, 필터의 크기는 사용자가 사용 후 적합하다고 판단되는 크기를 이용합니다. 보통은 3*3에서 5*5를 이용합니다.

본래는 함수가 없어 반복문의 조합을 통해 이를 수행하여야 하지만, OpenCV를 비롯한 영상 처리 라이브러리들은 이를 자동으로 수행하는 메소드를 지원하고 있습니다. 평균값, 가우시안, 메디안 등은 각각의 수식이 존재하지만 본 도서에서 수식에 대한 설명은 생략하도록 하겠습니다.

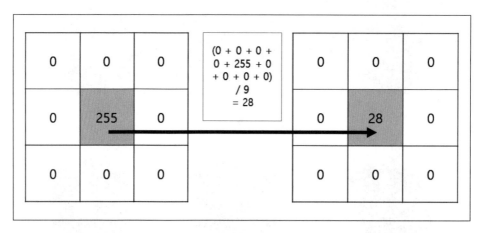

[그림 9-8] 대상 픽셀의 노이즈를 제거하기 위해 주변 9셀의 평균값 계산 결과

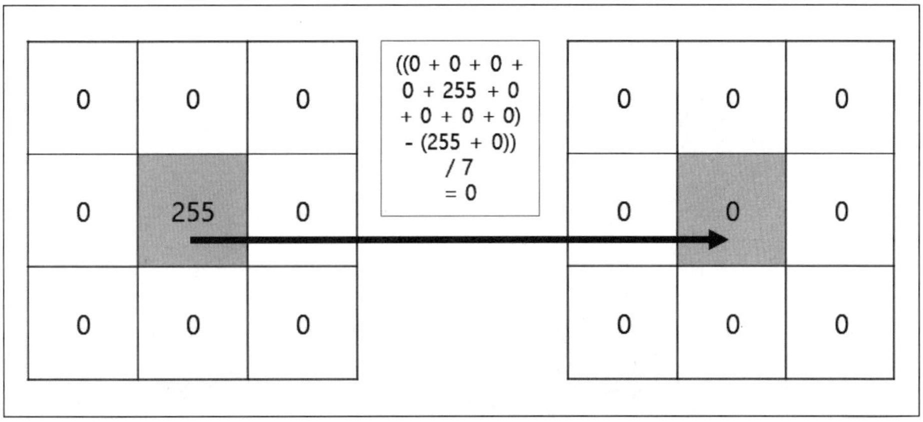

[그림 9-9] 대상 픽셀의 노이즈 제거를 위해 최댓값 및 최솟값 제외 후 평균값 계산

위의 두 그림은 필터링을 수행하였을 때 대상 픽셀의 값이 어떻게 변하는지 간략하게 표현한 것입니다. 현재 3*3 크기로 2행 2열의 픽셀을 대상으로 하고 있으며, 따라서 1행부터 3행까지, 1열부터 3열까지의 값을 이용합니다. 이때 [그림 9-9]는 모든 값을 더하고 평균값을 내는 평균값 필터여서 9개의 픽셀값을 더한 후, 더한 픽셀의 개수인 9로 나눕니다. 하지만 [그림 9-10]에서는 최댓값과 최솟값을 제외하여, 계산에 이용된 값이 7개이므로 7로 나눕니다.

상단의 경우 모든 값을 이용하였지만, 오히려 하단의 값보다 부드럽지 못한 결과를 보여 줍니다. 그렇다면 하단의 필터가 더 좋은 필터일까요? 그런 것은 아닙니다. 이는 상황에 따라 다르게 적용되므로 매우 심한 잡음이 간간이 존재하는 경우 하단의 필터가 나을 것이고, 때에 따라 상단의 평균값 필터가 뛰어난 성능을 보이기도 할 것입니다.

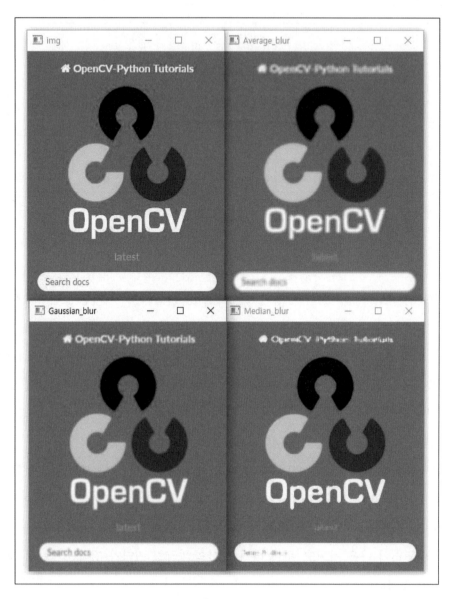

[그림 9-10] 각종 블러링 결과

```
1    import cv2
2
3    img = cv2.imread('C:/fig4.jpg')
4
5    Average_blur = cv2.blur(img,(5,5))
6    Gaussian_blur = cv2.GaussianBlur(img,(5,5),0)
7    Median_blur = cv2.medianBlur(img,5)
8
9    cv2.imshow("img", img)
10   cv2.imshow("Average_blur", Average_blur)
11   cv2.imshow("Gaussian_blur", Gaussian_blur)
12   cv2.imshow("Median_blur", Median_blur)
13
14   cv2.waitKey(0)
15   cv2.destroyAllWindows()
```

4) 영상 Edge Detction

엣지 디텍션은 한글로 윤곽선 탐지, 외곽선 추출 등의 이름으로 불리며, 0~255와
같이 일반적으로 스케일을 가지는 영상에서 수식을 통해 객체를 구분하는 선을 뽑
아내는 기능입니다. 기본적인 원리는 앞에서 배운 필터링과 동일합니다. 하지만
필터링 시에 이전에는 양수만 존재했더라면, 여기에는 음수도 존재합니다. 이를
통해 단순히 영상이 부드러워지는 것보다 오히려 도드라지는 외곽선이 추출되는
것입니다. 커널의 메소드마다 각각 다른 수식을 이용하며, 이에 대한 자세한 생략
은 생략하도록 하겠습니다.

[그림 9-11] Edge Detection 결과

```
1    import cv2
2
3    img = cv2.imread('C:/fig4.jpg')
4    img = img[:,:,0]
5
6    laplacian = cv2.Laplacian(img,cv2.CV_8U)
7    sobelx = cv2.Sobel(img,cv2.CV_8U,1,0,ksize=5)
8    sobely = cv2.Sobel(img,cv2.CV_8U,0,1,ksize=5)
9
10   cv2.imshow("img", img)
11   cv2.imshow("laplacian", laplacian)
12   cv2.imshow("sobelx", sobelx)
13   cv2.imshow("sobely", sobely)
14
15   cv2.waitKey(0)
16   cv2.destroyAllWindows()
```

2. 주식 데이터 처리하기

주식 데이터를 가져와 분석하고 자동 매매를 하는 것을 많은 사람이 원할 것으로 생각합니다. '알고리즘만 완벽'하다면 내가 무얼 하던 돈을 벌어다 줄 테니까요! 하지만 주식 시장에서는 변수가 무궁무진하고, 이 무궁무진한 모든 변수를 예측할 수 없어서 '완벽한 알고리즘'이라는 것이 존재하지 않습니다. 잘 먹히다가도, 어느 순간부터는 적용이 되지 않을 것입니다. 그래도 충분히 매력적이고, 재미있는 주제이기 때문에 한 번 다뤄보도록 하겠습니다.

최초에 정보를 얻고자 하는 주식 종목을 입력만 하면, 자동으로 네이버에서 이를 검색하고 해당 종목의 거래 정보를 받아오고, 이 거래 정보를 평범한 차트로 보여 주는 것뿐만 아니라, 금융사의 프로그램이나 어플리케이션에서 제공하는 보조 지표들을 계산하여 함께 나타내도록 해보겠습니다. 자동화된 웹 조작에 유용한 selenium, 데이터 편집에 용이한 pandas 라이브러리와 앞서 소개된 데이터 표출 라이브러리 plotly를 이용하도록 하겠습니다.

본 책에서는 코스피 시가총액 1위 주식인 삼성전자를 이용해 보도록 하겠습니다. 삼성전자는 한때 1주당 250만 원이 넘었던 주식으로, 지금은 주식의 수를 늘리고 비율만큼 가격을 낮추는 액면분할을 통해 4~5만 원 선에 속하는 주식입니다. 약 20년간 엄청난 성장을 보여 왔으며, 앞으로도 기술적으로 많은 성장이 기대되는 회사입니다. 하지만 주가는 어떨까요? 주가는 절대로 단순한 기술력에 의해 좌지우지되지 않습니다. 때론 저평가 혹은 고평가되기도 하고, 기술력뿐만 아니라 다양한 이슈에 의해 주가가 하락세를 보이기도, 또 상승세를 보이기도 합니다. 여기서는 순수하게 발생하는 거래량, 가격의 추세 등을 토대로 주가를 분석하기 위해 오로지 거래 데이터만 이용할 것입니다.

자동 매매까지 다루고 싶지만, 이는 증권사마다 방법이 많이 다르기도 하고, 이를 상세하게 다룬 책이나 증권사의 메뉴얼들이 존재하므로 제외하도록 하겠습니다. 기회가 된다면 블로그에 추가하도록 하겠습니다.

1) Selenium 설치 및 웹페이지 핸들링

pip install selenium 명령어를 통해 selenium을 설치하고,

'https://chromedriver.storage.googleapis.com/index.html' 에서 크롬드라이버를 받아온 후, 프로그램이 설치된 경로는 이용해야 하므로 반드시 기억하도록 합시다. pandas나 plotly도 pip install 명령어를 통해 설치하면 되겠습니다.

```
1    from selenium import webdriver
2    from time import sleep
```

```
1    driver = webdriver.Chrome('C:/chromedriver.exe')
```

[그림 9-12] Selenium에 의해 나타난 크롬창

코드를 실행하자 크롬창이 실행되는 놀라운 일이 발생했습니다. 하지만 아무것도 존재하지 않는 빈 창이네요. 앞서 말한 목표는 네이버에서 주식을 검색하고 정보를 가져오는 것이었습니다. 이제 네이버로 이동해 보겠습니다. 네이버에서도 금융으로 이동하도록 하겠습니다. 주소와 코드는 다음과 같습니다.

```
1   driver.get('https://finance.naver.com/')
```

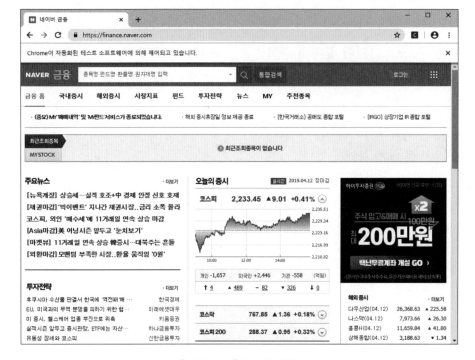

[그림 9-13] 주소창 이동

대충 봐도 많은 정보가 있을 것 같은데요, 우리는 삼성전자의 정보만 가져오면 되니 검색을 먼저 해봅시다. 네이버 금융까지는 주소가 깔끔하니 기억해서 가시는 분이 많겠지만, 삼성전자 검색부터는 그렇지 않습니다. 여기서부터가 본격적인 웹 자동화입니다. 자동화에 앞서 필요한 문자열 하나를 가져오도록 하겠습니다!

2) HTML 구조 파악하기

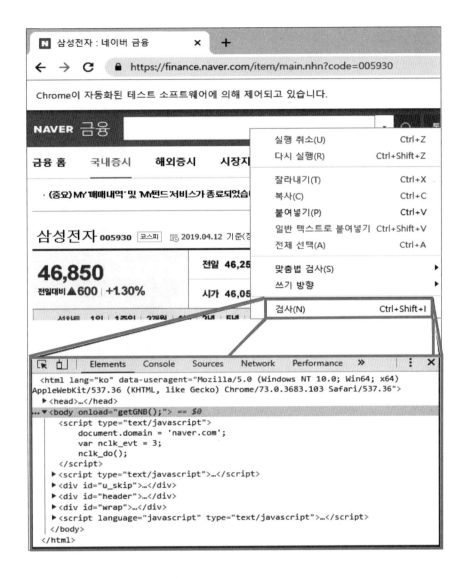

정체 모를 일종의 코드들이 가득합니다. 다시 한번 검사 버튼을 한 번 더 눌러보면 다른 문구들이 나타납니다.

지금 보시고 있는 코드들은 HTML이라는 언어를 사용하여 웹페이지의 화면을 나타내는 코드입니다. 해당 코드들은 이 페이지가 어떻게 만들어졌고, 무엇인지를 나타내고 있습니다. 우리가 프로그래밍을 배웠던 과정을 생각하면 변수명은 모두

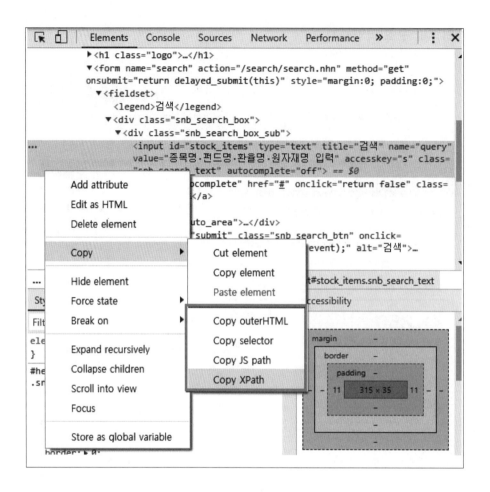

존재해야겠지요?

현재 파란색 배경이 칠해져 있는 부분은 조금만 자세히 보면 파이썬과 나름 비슷한 구조가 보입니다. 바로 노란색 = "파란색"인데요, 우리가 변수에 문자열을 넣는 과정과 똑같아 보입니다. 엄밀히는 조금 다릅니다. 노란색은 속성을 나타내고, 파란색이 변수명과 같은 기능을 이용합니다. 속성에 따른 변수명을 검색하면 원하는 곳으로 갈 수 있다는 것을 의미합니다. 들여쓰기와 화살표도 바로 위에 보이는데요, 이 부분도 파이썬과 동일하다고 생각하면 되겠습니다. 사실 HTML 코드에서 들여쓰기가 중요하진 않지만, 가독성을 위해서는 매우 중요합니다. 그런 의미에서 우리가 보는 창에서는 들여쓰기가 지켜져 있고, 편의를 위해 화살표를 통해 접을 수 있다는 차이가 있습니다. 아마 PyCharm을 쓰시는 분들은 함수나 클래스에서도 이와 같은 화살표가 나타나는 것을 확인하셨기 때문에 익숙하실 겁니다.

　결론은 이 속성과 이름들을 이용해서 원하는 곳으로 이동할 수 있다는 이야기지만, 화살표가 복잡한 것을 생각하면 마냥 쉽진 않아 보입니다. 다행히 이를 편리하게 얻어오는 기능으로, Copy 기능이 있습니다. 다양한 속성들을 Copy할 수 있는데, 여기에서는 XPath를 이용하도록 하겠습니다. 앞의 이야기도 머리 아프실 테니 이 부분은 생략하겠습니다. 보통 파이썬에서 Selenium을 이용한 웹 자동화에서는 보통 selector와 xpath를 이용합니다. Copy Xpath 버튼을 눌렀다면, '//*[@id="stock_items"]'라는 문자열이 복사된 것을 붙여넣기를 통해서 확인할 수 있습니다. 앞서 본 창에서 본 id와 문자열입니다. 이제부턴 이와 부가 기능들을 이용해서 웹을 본격적으로 제어해 보도록 하겠습니다.

```
1   driver.find_element_by_xpath('//*[@id="stock_items"]').send_keys('
    삼성전자')
```

　매우 직관적인 메소드를 이용하고 있습니다. 영어를 읽듯 해석하자면, "괄호의 내용과 같은 xpath를 이용해서 요소를 찾아라, 그리고 '삼성전자'라는 문자열을 키들을 보내라."라는 의미의 코드입니다. 정상적으로 작동했다면 아래와 같은 화면을 확인할 수 있습니다.

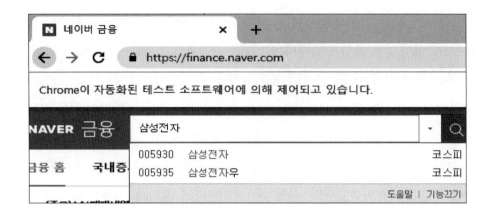

문자만 보내서는 의미가 없습니다. 버튼을 누르든지 해서 검색을 해야 할 텐데 요, 지금은 직접 마우스로 우측의 검색 버튼을 한번 눌러 봅시다.

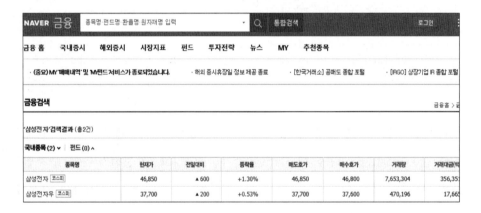

원하던 그림이 아닙니다. 무슨 말인지 궁금하다면, 이번에는 '삼성전자우'를 검 색창에 입력하고 검색 버튼을 눌러 봅시다.

조금 전과는 다르게 차트가 바로 나타나는 것을 확인할 수 있습니다. 웹 자동화를 할 때는 항상 이러한 변수를 고려해야 합니다. 이후에 바로 거래 데이터를 가져오는 코드를 기록해 두고 실행했을 때, 주식이 중복적으로 나타난다면 다른 화면으로 넘어갈 것입니다. 그렇다면 코드는 정상적으로 실행되지 않고 오류가 발생하겠죠. 정확한 종목명을 입력했다는 가정에 따라, [Tab] 키를 누르고 [Enter]를 치는 방식을 이용해서 바로 아래에 나타나는 종목을 검색하도록 하겠습니다. 아까는 문자열을 보냈다면, 이번에는 버튼을 직접 보내야겠죠. 우리가 키보드를 입력하는 방식을 생각하면 send_keys 메소드의 괄호 내를 Enter와 같은 내용으로 수정하면 될 것 같습니다. 여기에는 아주 작은 차이가 존재해서 '문자열을 입력'하는 것이 아닌, '키를 누르는' 메소드를 하나 이용해 보겠습니다.

3) HTML 구조를 이용한 이동

```
1    from selenium.webdriver.common.keys import Keys
2
3    driver.find_element_by_xpath('//*[@id="stock_items"]').send_
     keys(Keys.TAB)
4    driver.find_element_by_xpath('//*[@id="stock_items"]').send_
     keys(Keys.ENTER)
```

Keys 메소드는, 해당 메소드가 지원하는 '키보드 문자'가 아닌 '키보드 버튼'을 수행할 수 있도록 합니다. 그나마 다행히도, xpath 경로는 유지한 채로 수행하면 되기에 그리 복잡하지 않습니다.

컴퓨터를 활용하는 분야의 대부분은 이름이나 주소를 한글보다는 알파벳과 숫자의 조합으로 만듭니다. 따라서 주식에서는 이런 작업을 위해 종목마다 6자리의 금융 코드가 존재합니다. 이제부터는 삼성전자의 금융 코드를 가져온 후, 네이버에서 제공하는 금융 코드와 연계하여 주식 데이터를 제공하는 웹페이지의 데이터들을 가져오도록 하겠습니다.

```
1    from time import sleep
2
3    sleep(3)
4    code = driver.find_element_by_class_name('code').text
5    print(code)
```

```
'005930'
```

코드 취득 이전에 time 모듈에서 sleep 메소드를 가져왔습니다. sleep[n]은 n초 동안 아무런 동작도 수행하지 않는 기능으로, 다른 주소로 이동하고 나서 수행해야 할 코드가 이동 도중에 발생 수행되어 오류가 발생하는 상황을 막기 위해 사용합니다. 이는 웹 페이지 외에 다른 곳에서도 같습니다. 지금은 책을 보며 차례대로 별도의 코드들을 따로따로 수행하고 있어서 필요 없을 수 있겠지만, 나중에 하나의 코드 혹은 연속된 코드로 수행하기 때문에 필요할 것입니다.

이번에는 class의 이름으로 텍스트를 가져오는 메소드를 수행하였습니다. 물론 xpath나 selecter로도 가져올 수 있지만, 다른 간단한 방법도 있음을 소개합니다. 기존의 방법에 비해 확실히 어떤 클래스를 가져오는지 직관적으로 파악할 수 있다는 것이 장점입니다. 이후 프린트를 통해 종목 코드를 올바르게 가져왔는지 확인하였습니다.

이제 본격적으로 삼성전자의 일별시세 데이터를 가져와 보도록 하겠습니다. 그에 앞서, 인터넷 창으로 돌아와 [시세]→[일별시세]를 보도록 하겠습니다. 1페이지부터 어디가 끝일지 모를 n페이지가 존재합니다. [shift + click]을 통해 일별시세만

삼성전자 005930 코스피 2019.04.12 기준(장마감) 실시간 기업개요▾

46,850
전일대비 ▲600 | +1.30%

| 전일 46,250 | 고가 46,900 (상한가 60,100) | 거래량 7,653,304 |
| 시가 46,050 | 저가 46,000 (하한가 32,400) | 거래대금 356,351 백만 |

종합정보 | **시세** | 차트 | 투자자별 매매동향 | 뉴스·공시 | 종목분석 | 종목토론실 | 전자공시 | 공매도현황

일별 시세

날짜	종가	전일비	시가	고가	저가	거래량
2019.04.12	46,850	▲ 600	46,050	46,900	46,000	7,653,304
2019.04.11	46,250	▼ 450	46,700	46,800	46,150	13,697,399
2019.04.10	46,700	▲ 50	46,400	46,700	46,050	11,883,995
2019.04.09	46,650	0	46,700	46,950	46,200	6,878,761
2019.04.08	46,650	▼ 200	47,250	47,250	46,150	8,507,909
2019.04.05	46,850	▼ 100	46,950	47,550	46,600	8,546,339
2019.04.04	46,950	▲ 350	46,150	47,100	46,150	12,650,168
2019.04.03	46,600	▲ 850	46,750	46,750	45,800	12,436,570
2019.04.02	45,750	▲ 700	45,550	46,100	45,350	9,480,688
2019.04.01	45,050	▲ 400	45,200	45,450	44,850	7,362,129

1 2 3 4 5 6 7 8 9 10 다음› 맨뒤 ››

나타나는 웹 페이지를 따로 띄울 수 있으며, 이를 통해 일별시세 페이지의 주소를 확인할 수 있습니다.

　주소를 살펴보니 종목 코드와 해당 종목의 데이터가 몇 페이지에서 끝날지만 조사한다면, for문과 같은 반복문을 이용해서 종목의 모든 일별 시세를 가져올 수 있을 것 같습니다. 그렇다면 마지막 페이지를 어떻게 가져올까요? 여기서는 맨뒤 버튼을 누른 후, 마지막 번호가 몇 번인지 조사하면 될 것 같습니다.

　이제 우리는 버튼을 눌러 이동하는 것이 중요한 것이 아니라, [맨 뒤] 버튼의 xpath 주소 등이 중요하다는 것을 생각할 수 있습니다. xpath를 가져와 이동하도록 합시다.

```
1  url = 'https://finance.naver.com/item/sise_day.nhn?code=' + code
2  driver.get(url)
3  driver.find_element_by_xpath('/html/body/table[2]/tbody/tr/td[12]/a').send_keys(Keys.ENTER)
```

　마지막 페이진 574페이지로 이동했습니다. 여기서 크게 3가지 방법을 이용할 수 있을 것 같습니다.

1. 하단의 모든 페이지 값을 가져와 가장 큰 값을 이용한다.
2. 마지막 페이지는 다른 페이지랑 다른 점이 있는지를 조사한다.
3. 위의 그림에서 page가 나타나는 것을 확인했으니, 이미 존재하는 page 번호를 이용한다.

　본 책에서는 검사 버튼을 통해 2번을 이용해 보겠습니다. 573페이지와 574페이지를 검색한다면 페이지가 마지막 페이지에는 [class="on"]이 있다는 것을 확인할 수 있습니다. 아까 사용했던 클래스 이름을 이용하는 방법으로 번호를 가져오겠습니다.

```
1  end_point = int(driver.find_element_by_class_name('on').text)
2  print(end_point)
```

574

4) Pandas를 이용한 데이터 핸들링

이제 페이지에 보이는 데이터를 취득하는 방법을 취득하는 방법만 찾으면 본격적인 데이터 준비는 끝나겠습니다. 웹에서 이러한 데이터를 가져오는 방법을 보통 크롤링Crawling 혹은 스크래핑Scraping 이라고 부릅니다. 향후 관련 주제로 검색 혹은 대화를 나눌 때 참고하도록 합시다. 웹 크롤링의 방법도 매우 다양합니다. 이번에는 데이터를 다루기에 적절한 형태로 가져오기 위해 Pandas 라이브러리를 잠간 이용해 보도록 하겠습니다. 기본적으로 리스트가 단순히 차원 개념만 가진 엑셀 파일이었다면, Pandas는 나아가 행이나 열에 순서와 속성을 적은 엑셀 파일입니다. 순서와 속성 개념이 있다면 엑셀 파일로 저장하기에도 쉽고, 본인을 포함한 누구든 데이터를 볼 때 데이터에 대한 깊은 이해가 없어도 무엇을 위한 데이터인지, 그리고 각 열마다 어떤 데이터를 가졌는지 알 수 있습니다.

많은 기능을 이용하진 않을 테니, 새로운 라이브러리에 대한 겁은 먹지 말고 해 보도록 합시다. 앞서 가져온 마지막 페이지 번호를 이용해서 크롤링을 바로 아래의 코드를 통해 수행해 보도록 하겠습니다.

```
1  import pandas as pd
2
3  df = pd.DataFrame()
4
5  for page in range(1,end_point+ 1):
6      page_url = url + '&page=' + str(page)
7      df = df.append(pd.read_html(pg_url,header=0)[0])
8
9  df.head()
   df
```

	날짜	종가	전일비	시가	고가	저가	거래량
0	NaN	NaN	NaN	NaN	NaN	NaN	NaN
1	2019.04.12	46850.0	600.0	46050.0	46900.0	46000.0	7653304.0
2	2019.04.11	46250.0	450.0	46700.0	46800.0	46150.0	13697399.0
3	2019.04.10	46700.0	50.0	46400.0	46700.0	46050.0	11883995.0
4	2019.04.09	46650.0	0.0	46700.0	46950.0	46200.0	6878761.0

	날짜	종가	전일비	시가	고가	저가	거래량
0	NaN	NaN	NaN	NaN	NaN	NaN	NaN
1	2019.04.10	46700.0	50.0	46400.0	46700.0	46050.0	10346261.0
2	2019.04.09	46650.0	0.0	46700.0	46950.0	46200.0	6878761.0
3	2019.04.08	46650.0	200.0	47250.0	47250.0	46150.0	8507909.0
4	2019.04.05	46850.0	100.0	46950.0	47550.0	46600.0	8546339.0
5	2019.04.04	46950.0	350.0	46150.0	47100.0	46150.0	12650168.0
6	NaN	NaN	NaN	NaN	NaN	NaN	NaN
7	NaN	NaN	NaN	NaN	NaN	NaN	NaN
8	NaN	NaN	NaN	NaN	NaN	NaN	NaN
3	1996.06.27	66900.0	800.0	67500.0	67700.0	66700.0	155450.0
4	1996.06.26	67700.0	200.0	67600.0	67900.0	66000.0	136630.0
5	1996.06.25	67500.0	0.0	66500.0	68300.0	65600.0	112960.0

5735 rows × 7 columns

pandas는 보통 pd라는 이름으로 불러와 이용합니다. Pandas에는 데이터 프레임이라는 개념이 있는데, 이것을 이용해서 앞서 설명한 행과 열의 속성을 가집니다.

일반적인 리스트

2019.01.02.	38,750	7,847,664
2019.01.03.	37,600	12,471,493
2019.04.04.	37,450	14,108,958

Pandas의 DataFrame

	날짜	종가	거래량
1	2019.01.02.	38,750	7,847,664
2	2019.01.03.	37,600	12,471,493
3	2019.04.04.	37,450	14,108,958

본 코드에서 수행한 반복문은, 우선 1부터 마지막 페이지$n-1$에서 $+1$까지 반복되며 page_url은 앞서 이용하는 일별 시세 페이지를 1부터 마지막 페이지까지 넘어가는 변수입니다. 최종적으로 데이터 프레임에 각 페이지에 존재하는 데이터를 추가하는데, read_html 메소드는 사용자가 페이지를 이해하고 크롤링 방법을 생각해낼 필요 없이 알아서 정리하여 저장해 줍니다. 요약하자면, 1페이지부터 마지막 페이지까지 존재하는 데이터들을 데이터 프레임에 저장하는 코드입니다. 마지막은 데이터가 잘 저장되었는지 확인하기 위해 주로 사용하는, 상위 5개의 데이터를 보여주는 코드이고, 데이터 프레임이 저장된 변수 자체를 출력하면 모든 데이터가 출력되며 가장 마지막에는 총 몇 개의 행과 몇 개의 열로 구성되었는지 알려줍니다.

5) Plotly를 응용한 데이터 시각화

이제 데이터를 시각화해 보도록 하겠습니다.

```
1    import plotly.offline as py
2    import plotly.graph_objs as graph
3
4    py.init_notebook_mode(connected=True)
5    trace = graph.Scatter(x=df.날짜, y=df.종가, name='삼성전자')
6    data = [trace]
7
8    layout = graph.Layout(title = 'a')
9    fig = graph.Figure(data=data,layout=layout)
10   py.iplot(fig, filename='a')
```

plotly는 단순한 시각화 라이브러리가 아니므로 본래 로그인을 요구하지만, 오프라인 모드를 활성화함으로써 복잡한 과정 없이 이용할 수 있습니다. 이후 차트에 마우스를 올렸을 때 마우스를 따라 날짜와 그날의 종가를 나타내는 데이터를 만들고, 이를 리스트로 변환하였습니다. 마지막으로 차트를 나타낼 틀을 제목과 함께

만들고, 나타낼 그림을 잘 나타난 것 같은데, 자세히 보면 약 3가지의 문제가 존재합니다.

1. 중간중간 끊어진 부분이 보입니다. 우리에겐 보이지 않았지만 사실 휴일 데이터도 포함되어 있었는 것 같으니, 이러한 부분데이터프레임의 NaN을 제거해야 합니다. NaN은 Not a Number, 값이 0인 것이 아닌, 아예 데이터가 존재하지 않는 의미입니다.

2. 보통 왼쪽에서 오른쪽으로 시간이 흐르니, 오름차순으로 변경해야 합니다.

3. 삼성전자는 2018년에 주가를 1/50로, 그리고 주식 발행량을 50배로 늘리는 액면분할을 하였으므로, 1주당의 가치가 바뀌었을 뿐 실제로 주식을 가진 사람들은 1/50의 손해를 보지 않았습니다.

따라서 (1) 장기적인 주가 추세를 보기 위해 액면분할 이전의 주가를 1/50로 낮추던지 (2) 액면분할을 기점으로 이전 데이터를 제거하던지 두 가지 선택지 중 하나를 선택해야 합니다. 약 5년에서 10년간의 추세를 보는 것도 중요하므로 데이터를 없애기보단, 액면분할 이전의 값들을 나누는 방향을 취하도록 하겠습니다.

가장 먼저 1번에 속하는, NaN값이 존재하는 행을 삭제해 보도록 하겠습니다. dropna 메소드를 통해서 NaN값이 존재하는 행을 삭제할 수 있고, 이후 데이터 프레임을 출력하여 NaN값이 존재하는 행이 모두 제거되었음을 확인할 수 있습니다.

```
1  df = df.dropna()
2  df
```

	날짜	종가	전일비	시가	고가	저가	거래량
1	2019.04.12	46850.0	600.0	46050.0	46900.0	46000.0	7653304.0
2	2019.04.11	46250.0	450.0	46700.0	46800.0	46150.0	13697399.0
3	2019.04.10	46700.0	50.0	46400.0	46700.0	46050.0	11883995.0
4	2019.04.09	46650.0	0.0	46700.0	46950.0	46200.0	6878761.0
5	2019.04.08	46650.0	200.0	47250.0	47250.0	46150.0	8507909.0
9	2019.04.05	46850.0	100.0	46950.0	47550.0	46600.0	8546339.0

다음은 날짜의 오름차순 정리입니다. Pandas에서는 단순히 문자열을 받는 개념이 아닌, 날짜 자료형을 구현하여 날짜를 이용한 데이터 조작^{핸들링}을 더욱 편리하게 할 수 있으며, 특정 자료형에 유용한 데이터 핸들링 메소드가 존재합니다. 모든 라이브러리는 고유의 자료형들이 존재합니다. 이는 라이브러리마다 목적에 따른 편의성을 구축하기 위함입니다.

```
1  df['날짜'] = pd.to_datetime(df['날짜'])
2  df = df.sort_values(by=['날짜'],ascending=True)
3  df
```

	날짜	종가	전일비	시가	고가	저가	거래량
10	1996-06-25	67500.0	0.0	66500.0	68300.0	65600.0	112960.0
9	1996-06-26	67700.0	200.0	67600.0	67900.0	66000.0	136630.0
5	1996-06-27	66900.0	800.0	67500.0	67700.0	66700.0	155450.0
4	1996-06-28	68100.0	1200.0	67300.0	68500.0	67200.0	138430.0
3	1996-06-29	68500.0	400.0	68100.0	69100.0	67100.0	96710.0

이제 남은 것은 종가를 50분의 1로 나누는 작업입니다. 각종 연산에 용이한 라이브러리인 numpy를 이용하겠습니다. 삼성전자는 5월 4일에 액면분할이 되었으므로, 5월 4일 이전의 종가를 대상으로 수행하면 되겠습니다. 반복문을 통해 5월 4일인지, 이전인지 판단한 후 이전이라면 주가를 나누고, 이후라면 값을 그대로 사용하면 되겠죠? 하지만 해당 방법에서는 numpy를 이용하는 것이 의미가 없습니다. Pandas와 Numpy의 조합은 아주 환상적입니다. 데이터 프레임에서 조건을 찾고, False일 때 수행할 행동, True일 때 수행할 행동만 입력하면 되기 때문입니다. 아래의 코드를 수행하고, 시각화 코드를 다시 수행해 봅시다. 올바르게 변화한 것을 확인할 수 있습니다.

```
1   import numpy as np
2
3   df['종가'] = np.where(df['날짜']<"2018.05.04", df['종가']/50, df['종가']
```

사실 종가만 바꾼다고 끝나는 것이 아닙니다. 왜냐면 주식에서는 시가, 고가, 저가 또한 중요하고, 우리는 이것을 응용한 보조지표를 만들 것이기 때문입니다. 위의 코드를 복사하여 3번 붙여넣고, 종가에 해당하는 부분들을 각각 시가, 고가, 저가로 바꾸는 것은 조금 번거롭습니다. 3개밖에 안 되지만, 만약 수십 개라면 매우 번거로울 것입니다. 조금이라도 번거로워 일종의 막노동을 하는 작업은 지양하고, 최대한 반복문을 사용하는 것이 좋은 습관입니다.

사실 이런 논리에 의하면 거래량도 50배가 되는 것이 맞겠다는 생각도 들지만, 주당 5만 원일 때와 250만 원일 때 거래는 제법 다른 개념이고 거래량을 이용한 보조지표는 이용하지 않을 것이므로 생략하도록 하겠습니다

```
1   변환 = ['시가', '고가', '저가']
2
3   for i in 변환:
4       df[i] = np.where(df['날짜']<"2018.05.04", df[i]/50, df[i])
5
6   df.head()
```

주식을 해보신 분이라면 아시겠지만, 사실 이 차트는 주식의 차트와는 모양이 다릅니다. 이것은 단순한 그래프이고, 주식에서는 촛대 모양인 캔들스틱을 사용합니다. 캔들스틱은 고가, 종가, 시가, 저가를 하나의 봉에 나타내는 개념으로, 주식의 가격은 모두 한 번에 나타내고 있습니다. 구현한 그래프는 자세히, 혹은 코드를 보았을 때 종가만 표현하고 있음을 알 수 있습니다. 보조지표를 만들기 전에 앞서, 캔들스틱으로 구현해 보도록 하겠습니다.

```
1   py.init_notebook_mode(connected=True)
2   trace = graph.Candlestick(x=df.날짜,
3                             open=df.시가,
4                             high=df.고가,
5                             low=df.저가,
6                             close=df.종가,
7                             name='삼성전자')
8   data = [trace]
9   layout = graph.Layout(title = '삼성전자')
10  fig = graph.Figure(data=data,layout=layout)
11  py.iplot(fig, filename='a')
12
```

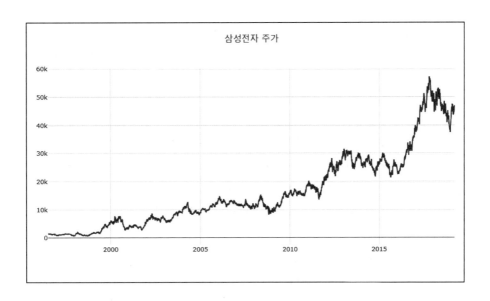

　y축은 따로 정의하지 않아도 시가, 고가, 저가, 종가에 의해 정의됩니다. 캔들스틱 자체가 이 네 가지가 y축 표현에 영향을 끼치기 때문입니다. 앞과 다른 점은 graph의 메소드로 Scatter가 아닌 Candlestick을 사용했다는 점, 그리고 이에 따라 내부에 인자를 추가로 줬다는 점입니다. Candlestick은 Scatter에 비해 잘 만들어지지 않았는지, 신경 쓰이는 점이 몇 개 있지만 넘어가도록 하겠습니다. 이제 보조지표 중 하나인 MACD를 만들고, 이를 표현하고 단원을 마치도록 하겠습니다.

```
        def MACD(df, 단기=12, 장기=26, 기간=9):
 1      #단기, 장기, 기간은 공식의 기본값이며, 사용자의 판단에 따라 다르게
        줄 수 있음

 2

 3          ma_단기 = df.종가.ewm(단기).mean()

 4          ma_장기 = df.종가.ewm(장기).mean()

 5          macd = ma_단기 - ma_장기

 6          signal = macd.ewm(기간).mean()

 7          oscillator = macd - signal

 8

 9          df = df.assign(macd = macd, signal = signal, oscillator =
        oscillator)

10

11          return df

12
```

　　MACD는 macd, signal, oscillcator라는 세 가지 속성을 사용하는 지표이며, MACD 선이 0을 기준으로 상승하는지 하락하는지, 그리고 signal 선을 상승하는지, 하락하는지를 기준으로 매수와 매도를 결정 짓는 지표입니다. 각종 수식은 코드에 나타난 것과 같으며 종가, 단기선, 장기선, 기간이며 주식을 위한 책은 아니므로 여기까지 설명하도록 하겠습니다. 본 코드에서는 이를 계산하고, 데이터 프레임에 추가해 주었습니다. 시각화는 다음과 같으며, matplotlib과 비슷한 방식으로 진행됩니다.

```
1    from plotly import tools
2
3
4    macd = go.Scatter(
5    x=df.날짜,
6    y=df['macd'],
7    name="MACD")
8
9    signal = go.Scatter(
10   x=df.날짜,
11   y=df['signal'],
12   name = "Signal")
13
14   oscillcator = go.Bar(
15   x = df.날짜,
16   y = df['oscillator'],
17   name = "oscillator")
18
19   data = [macd, signal, oscillcator]
20
21   layout = go.Layout(title='MACD'.format('삼성전자'))
22
23   fig = tools.make_subplots(rows = 3, cols =1, shared_xaxes=True)
24
25   for trace in data:
26       fig.append_trace(trace,1,1)
27
28   py.iplot(fig)
```

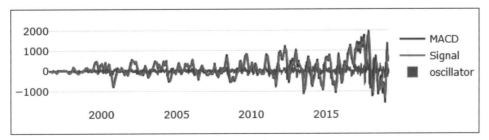

스케일이 상당히 크게 나타나고 있지만, 확대해 보면 일반적인 주식 프로그램과 유사하게 나타나고 있음을 알 수 있습니다. 이후 다른 보조지표도 추가하고 싶다면, 다른 보조지표의 수식을 pandas의 데이터 프레임에 추가하는 함수를 구현하고, 위의 Scatter와 Bar 메소드를 통해 대부분 표현할 수 있습니다.

이번에는 지도를 표출하고, 지도상에 특정한 위치를 표시해 보고, 서울시 버스 정류장 데이터로 히트 맵_{어떠한 데이터가 얼마나 밀집 혹은 속성에 의해 주변에 영향을 끼치는지 나타내는 지도}을 나타내 보겠습니다. 이러한 과정을 수행하는 시스템을 지리정보 시스템_{Geographic Information System: GIS}라고 부르고, 분야는 공간정보라고 합니다. 분석 및 표현하는 행위는 공간분석 등의 이름으로 불리어집니다.

지도를 표현하기 위해서 본 책에서는 Folium이라는 라이브러리를 이용합니다. Folium에서는 지도 표현에 유용한 leaflet.js와 Google Maps와 같은 기업이 주도적으로 만든 지도가 아닌, 일반 사용자가 만들어 가는 지도인 OpenStreetMap_{OSM}을 이용하여 지도와 데이터를 표현합니다.

표현을 위한 데이터는 다양한 구조로 이루어질 수 있겠지만, 복잡한 내용까지 다루지는 않도록 하겠습니다. 지도상에 나타내기 위해선 최소한 X좌표와 Y좌표가 필요하며, 이 외에 Z값_{어느 위치의 미세먼지 정보, 온도 등}이나 추가적인 속성_{어느 위치의 건물의 이름이나 주소가 무엇인지}이 요구됩니다.

먼저 folium은 다른 라이브러리와 같이 [pip install folium]을 통해 설치할 수 있습니다.

이후 다음과 같은 방식으로 지도를 불러올 수 있습니다.

```
1    import folium
2
3    #folium 라이브러리를 이용해 지도 데이터가 담긴 변수 생성
4    map = folium.Map([37.55, 127.],  zoom_start=10)
5
6    #지도 데이터 표출
7    map
8
9    #지도 데이터 저장
10   map.save('C:/Users/User_na
```

아주 짧은 코드로 지도가 나타남을 확인하였습니다. 앞으로는 주석에 익숙해지셔야 할 테니, 이제는 코드에 주석을 조금씩 달아 놓도록 하겠습니다. 간단한 코드와 간단한 내용으로만 이루어져 있으니 천천히 읽어 보시면 되겠습니다.

map 메소드는 리스트 형태로 위도와 경도를 받아와 해당 위치에서 지도 표출을 시작하며, zoom_start에 인자를 받아 어느 정도로 확대하여 지도를 표출할 것인지

를 나타냅니다. 인자에 준 값을 바꾼다면 확대된 크기가 바뀌겠지요? 지도의 위치와 확대는 마우스로 얼마든지 옮길 수 있습니다. 마지막으로 경로상에 html 파일로 저장해 보았으며, html 파일의 경로의 중간에 User_name은 컴퓨터의 사용자이름을 말합니다. 잘 모르겠다면, C드라이브로 이동하여 '사용자'라는 폴더를 찾고, 공용 폴더 이 외에 가장 최근에 수정된 폴더를 찾아보면 되겠습니다. 해당 폴더의 폴더명이 User_name입니다.

앞서 수행한 코드는 folium이 기본적으로 사용하는, 앞서 이야기한 OpenStreetMap이며, 이 외에도 지원하는 4개의 지도를 소개하도록 하겠습니다. 정확히는 이 4개 말고도 더 존재합니다.

```
1   Bright = folium.Map(location=[37.55, 127], tiles="Mapbox Bright",
    zoom_start=2)
2
3   ControlRoom = folium.Map(location=[37.55, 127], tiles="Mapbox
    Control Room", zoom_start=2)
4
5   StamenToner = folium.Map(location=[37.55, 127], tiles="Stamen
    Toner", zoom_start=2)
6
7   StamenTerrain = folium.Map(location=[37.55, 127], tiles="Stamen
    Terrain", zoom_start=10)
8
9   StamenTerrain
10
```

　소개된 4개의 지도 중 마지막으로 소개한 Stamen Terrain의 사진이며, 지형을 표시하고 있는 지형도를 나타냄을 알 수 있습니다.

　이번에는 서울시 버스 정류소의 위치를 가져와, 이를 히트 맵으로 표현하는 과정을 수행해 보도록 하겠습니다. 이는 서울시에서 지원하는 [서울 열린 데이터 광장]에서 내려받을 수 있으며, [서울특별시 버스 정류소 위치 정보]를 검색하여 아래의 그림에 표시된 csv 버튼을 눌러 파일을 내려받으면 되겠습니다. 저장 경로를 이용해야 하니, 적절한 곳에 저장하시길 바랍니다.

```python
1    import pandas as pd

3    #csv 파일 불러오기

     aa= pd.read_csv('C:/Users/ESEL/Downloads/서울특별시_버스 정류소_
4    위치정보.csv', names=['정류소번호','정류소명','X좌표','Y좌표'],
     engine='python', encoding='utf-8')

5    print(aa.head())

6

7    #NaN값이 포함된 행 제거

8    aa = aa.dropna()

9    print(aa.head())
```

```
   정류소번호           정류소명          X좌표         Y좌표
0   정류소번호           None          NaN          NaN
1   01001         종로2가사거리   126.987750   37.569765
2   01002    창경궁.서울대학교병원   126.996566   37.579183
3   01003       명륜3가.성대입구   126.998340   37.582671
4   01004        종로2가.삼일교   126.987613   37.568579
   정류소번호           정류소명          X좌표         Y좌표
1   01001         종로2가사거리   126.987750   37.569765
2   01002    창경궁.서울대학교병원   126.996566   37.579183
3   01003       명륜3가.성대입구   126.998340   37.582671
4   01004        종로2가.삼일교   126.987613   37.568579
5   01005         혜화동로터리   127.001744   37.586243
```

데이터 프레임을 print 메소드를 통해 출력하면 조금 볼품 없어지는 경향이 있습니다만, 그렇지 않으면 하나의 코드에서 2개를 확인할 수 없습니다. 다른 줄에 따로 입력하여 확인하셔도 되겠습니다.

read_csv 메소드를 통해 csv 파일을 불러왔습니다. 첫 번째 인자로는 경로를 주었고, 두 번째는 각 열을 정의하는 리스트, 그리고 engine과 encoding은 한글 호환을 위해 입력한 인자입니다.

csv 파일을 열어 보면, 첫 행에는 데이터들이 정류소 번호, 정류소 명, X좌표, Y좌표로 구성되어 있음을 확인할 수 있습니다. 따라서 names 변수를 동일하게 구성하였고, 데이터 프레임에도 올바르게 구현되었음을 확인할 수 있습니다.

사실 이번 예제에서는 정류소 번호와 정류소 명은 필요하지 않습니다, 버스 정류장의 위치를 단순하게 좌표상에 나타내고자 하기 때문입니다. 따라서 해당 열들을 제거하고, 지도는 X좌표가 위도, Y좌표가 경도, 즉 경도와 위도 순서로 표현해야 하기 때문에 Y좌표를 앞으로, X좌표를 뒤로 보낸 후, pandas 데이터를 Numpy 행렬로 출력하는 핸들링까지 수행하도록 하겠습니다. 매우 간단합니다.

```
1   b = aa.drop(['정류소번호','정류소명'],axis=1) #해당 문자열이 존재하는
    열 제거

2   순서 변경 = ['Y좌표','X좌표']

3   b = b[순서 변경] #Pandas에서는 이와 같이 리스트로 열의 순서를 변경

4   b = b.values # values 메소드는 데이터 프레임을 Numpy 행렬로 출력함

5   b
```

마지막으로 히트 맵으로 출력해 보도록 하겠습니다. folium에서는 복잡하게 히트맵의 수식을 필요로 하지 않고, 한 줄 만에 이를 수행할 수 있는 메소드를 지원하고 있습니다. 앞서 만들었던 StamenTerrain에 이를 나타낼 것인데, 사실 이 메소드가 완벽한 히트 맵 알고리즘은 아닙니다. 가중치를 설정할 수 없고, 줌에 따라 범위가 바뀌기 때문입니다. 적절한 줌까지 내려가 한번 확인해 보도록 하겠습니다.

```
from folium.plugins import HeatMap
HeatMap(b).add_to(OSM)

OSM
```

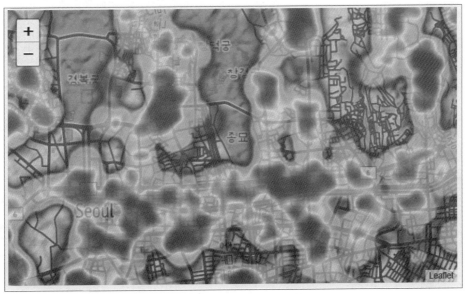

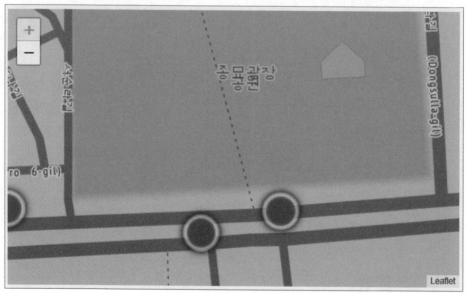

　4번째 사진은 최대한 확대를 한 이미지입니다. 실제로 네이버 지도 등과 비교해 보면, 해당 위치에 버스 정류소가 1개씩 있음을 확인할 수 있습니다. 여기서 조금 넓혀 보면, 종묘가 대중교통으로 어느 정도의 교통성을 가지는지 대략적으로 파악할 수 있습니다.

원래 히트 맵은 이런 식이 아닌, 사용자의 판단에 따른 가중치를 통해 고정된 범위로 값을 주는 것이 맞습니다. 서울시에서 버스 정류소가 많은 곳을 한눈에 보기 위해, 서울시 전체를 띄웠는데 첫 번째 이미지와 같이 나오는 건 의미가 없기 때문입니다. 본 예제에서 가중치는 사용자가 원하는 상황에 따라, 반경 100m, 혹은 도보 6분 거리약 400m와 같은 속성을 주면 되겠습니다.

따라서 본래 히트맵을 이용한 공간분석 시에는, 최종적으로 사용자가 원하는 속성에 따라 값이 계산되고, 위와 같은 색상으로 표현을 합니다. 오히려 교통성이 좋은 곳을 찾으려면 직관적인 도움을 위해서는 색상이 반대로 되기도 하겠습니다값이 낮을수록 붉고 교통성이 좋지 않은 곳, 값이 높을수록 푸르고 교통성이 좋은 곳. 이와 같은 값에 대한 기준을 통해 최종적으로는 교통성에 따른 거주지를 찾을 수도 있습니다. 이 외에 사람들의 카드 거래 데이터를 통한 1차적인 상권 분석 후, 본인이 원하는 혹은 해당 상권에 어떠한 업종들이 얼마나 존재하는지를 살펴보는 분석까지 가능합니다. 이를 입지분석이라 하며, 이 외에도 교통, 병원, 학교 위치를 융합하여 거주지에 대한 분석이라던가, 합당한 공식이 존재한다면 주가를 예측하는 것처럼 건물 등에 대한 가격도 예측할 수 있습니다.

부록

PYTHON

1. 라이브러리 설치 오류(pip install과 whl 파일)
2. 한글 출력 시 인코딩 에러
3. 가상환경

부록에서 다루는 내용은 입문자들이 실수를 아주 많이 하는 내용이지만, 검색해도 찾기가 어렵거나 입문자 입장에서는 이해가 쉽지 않은 케이스들입니다. 본 부록을 통해서 시간을 낭비하지 않으며, 비교적 쉬운 비유를 통해 쉽게 이해하셨으면 좋겠습니다.

1. 라이브러리 설치 오류 (pip install과 whl 파일)

pip란, 파이썬을 위한 패키지 인스톨러 Package Installer for Python 의 약자로, 라이브러리라고 부르는 패키지들의 설치를 돕는 패키지 관리자입니다. 하지만 종종 버전의 호환성이 맞지 않거나, 패키지의 업데이트가 중단되는 등 다양한 이유로 인해서 사용할 수 있는 패키지임에도 불구하고 설치되지 않는 경우가 존재합니다. 종종 이와 같은 상황으로 인해서, 본래 매우 사소한 작업임에도 불구하고 많은 시간이 소요되게 됩니다.

이때는 wheel 파일 whl 확장자 를 내려받아 직접 설치하면 되겠습니다. '라이브러리 명 whl'을 검색하여 PyPI 사이트에서 설치하거나 구글에서 python whl을 검색하였을 때 나오는 사이트인 'https://www.lfd.uci.edu/~gohlke/pythonlibs/'에서 원하는 패키지 명을 검색하여 내려받을 수 있습니다. 파일명은 모두 '패키지 명-패키지버전-파이썬 버전-윈도우 비트.whl'과 같은 구조로 되어 있으며 보통 파이썬 버전과 윈도우 비트만 확인하면 되겠습니다. 최근 컴퓨터들은 대부분 윈도우 64비트이며, 이는 [내 컴퓨터]-[속성] 화면에서 [시스템]-[시스템 종류]에서 확인할 수 있습니다. '64비트 운영 체제'와 같은 이름으로 나온다면 'win_amd64'로 끝나는 파일을 이용하면 되며, 32비트라면 'win32'로 끝나는 파일을 이용하면 됩니다. 이후 명령 프롬프트 cmd 를 이용하여 'cd C:/~~~경로명' 명령을 통해 파일을 저장한 경로로 이동한 후, 'pip install 파일명.whl'를 이용하면 대부분 오류 없이 설치됩니다.

기존의 방식	wheel 파일을 직접 내려받는 방식
pip install 라이브러리 명 pip를 통해 라이브러리를 검색하고, 이를 내려 받음. 따라서 검색이 올바르게 되지 않는 경우 오류 발생	라이브러리 검색 과정을 대신 직접 수행함. 따라서 다운로드만 올바르게 받는다면, 앞서 발생한 흐름의 오류는 발생하지 않음.

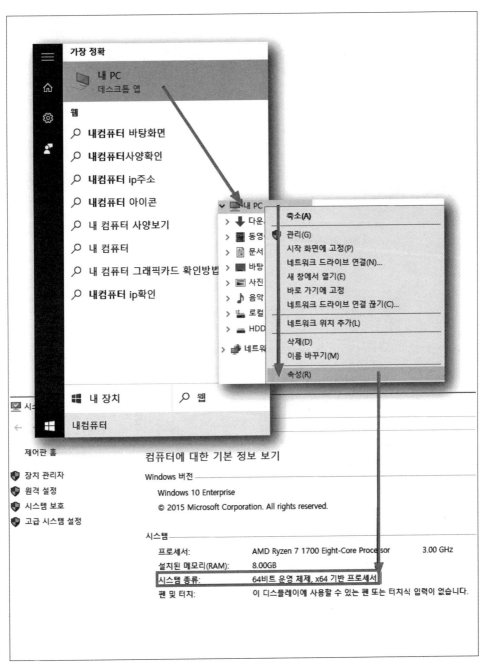

[그림 1] 윈도우 비트 확인 방법

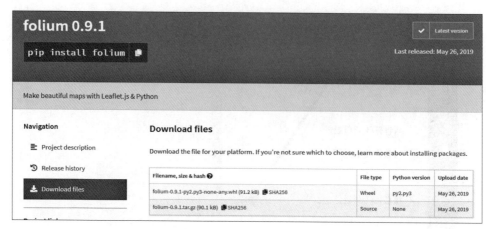

[그림 2] PyPI 사이트에서의 whl 파일 다운로드 방법

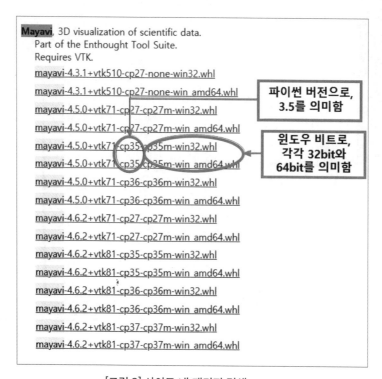

[그림 3] 사이트 내 패키지 검색

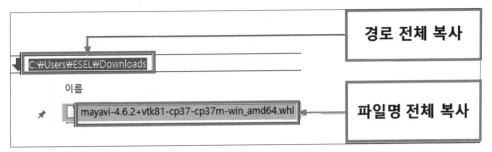

[그림 4] 경로 및 파일명 복사

[그림 5] 경로 이동 및 파일 설치

2. 한글 출력 시 인코딩 에러

해결 방법이 매우 간단한 에러입니다. 아래 두 줄의 코드 중 하나의 코드를 코드 최상단에 입력하면 되겠습니다. 하나가 되지 않는다면, 나머지 하나를 사용하면 되겠습니다.

```
# -*- coding: euc-kr -*-
# -*- coding: utf-8 -*-
```

이 에러가 나타나는 이유를 쉽게 설명하자면, 세계적으로 한글은 일반적으로 지원해야 하는 언어는 아닙니다. 인구수도 많지 않으며, 웬만하면 알파벳으로 해결되기 때문에 이를 기본적으로는 지원하지 않습니다. 하지만 우리는 한국인이다 보니, 한국의 데이터를 다루다 보면 파일 입출력 과정에서 한글이 깨지는 경우 등이 발생합니다. 앞서 Pandas를 이용하여 csv 파일을 읽어올 때 'encoding = utf-8'을 입력한 것과 비슷한 맥락에서 위의 코드를 입력하는 것으로 보면 되겠습니다.

문자 인코딩에 대한 설명을 하자면, 본래 컴퓨터는 영어를 중심으로 개발되었습니다. 따라서 한글 및 일본어 등을 비롯한 일부 국가의 기호는 당연히 필요가 없습니다. 반대로 해당 국가에서는 이것들이 당연히 필요하겠지요. 따라서 euc-kr과 같은 새로운 인코딩 방법이 개발되었습니다. 하지만 이는 일본어를 고려하지 않으니 또 일본어가 필요한 상황에서는 사용자들이 머리가 아플 것입니다. 따라서 전 세계의 문자를 하나의 집합으로 개발하고자 한 것이 유니코드이며, 현재 utf-8이 가장 보편적이면서도 가장 효율적인 방식입니다. utf-16과 utf-32 등도 있지만 이에 대한 설명은 생략하도록 하겠습니다.

3. 가상환경

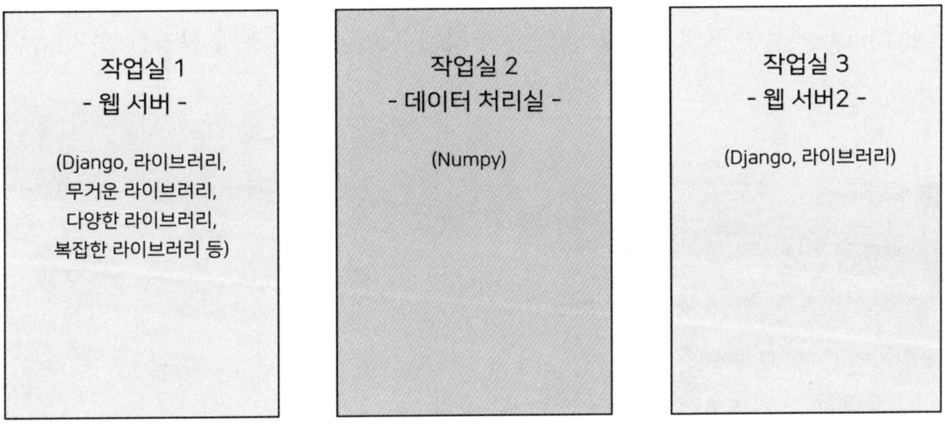

| 작업실 1
- 웹 서버 -

(Django, 라이브러리,
무거운 라이브러리,
다양한 라이브러리,
복잡한 라이브러리 등) | 작업실 2
- 데이터 처리실 -

(Numpy) | 작업실 3
- 웹 서버2 -

(Django, 라이브러리) |

[그림 6] 가상환경 개념

　본 교재 외에 수많은 파이썬 및 라이브러리 강의에서 가상환경이라는 개념을 이용하는 것을 확인할 수 있습니다. 보통 아나콘다 프롬프트 혹은 명령 프롬프트에서 이를 구현하여 이용하는데, 굳이 특별한 명령어를 실행하여 가상환경이라는 것을 만들고, 명령어를 통해 해당 가상환경으로 들어가 이미 설치된 라이브러리를 다시 설치하는 과정입니다. 엄밀히 말하면 가상환경을 새로 만들었기 때문에 필요한 라이브러리를 다시 설치하는 과정이지요.

　이를 쉽게 생각하면, 편의상 여러 개의 운동 가방을 이용하는 것으로 생각하시면 되겠습니다. 취미로 배드민턴과 테니스, 그리고 축구를 하는 데 있어 하나의 가방에 이를 모두 넣어 둔다면 배드민턴 치는 날에는 테니스나 축구 장비가 필요 없을 것이고, 채를 구분하지 못해서 테니스 채를 꺼내는 경우가 발생할 수 있습니다. 이를 아예 다른 가방에 각각 담자는 것이 가상환경의 개념입니다.

　너무 많은 라이브러리를 설치하다 보면 라이브러리 간의 충돌이 발생해 잘 돌아가던 코드가 돌아가지 않는 경우가 발생합니다. 혹은 파이썬과 라이브러리가 버전이 맞지 않는 경우도 발생하여, 3.7을 사용하고 있지만 3.6이 요구되는 경우 등이 있습니다. 이는 번거롭게 파이썬 전체를 삭제했다가 다시 설치하도록 하는 복잡한 과정을 발생시키므로, 일부 가상환경을 요구하는 사례가 있다면 번거롭더라도 반드시 이를 이용하시길 바랍니다.

PyCharm에서는 프로젝트를 만드는 과정에서 이를 간단하게 설정할 수 있습니다.

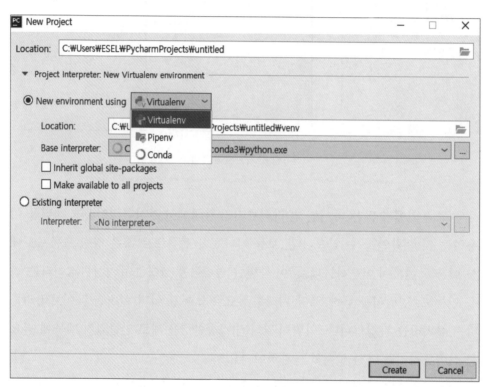

[그림 7] PyCharm에서의 가상환경 생성 방법

아나콘다를 이용한 가상환경 생성은 명령 프롬프트가 익숙하지 않다면 복잡해 보일 수 있겠지만, 이는 간단한 편에 속합니다. 'conda create -n 사용할_가상환경_이름 python=버전' 명령어를 통해 생성할 수 있습니다. 파이썬의 버전을 고르는 이유는 이전의 설명과 같이 라이브러리와의 호환성 및 이를 고려한 라이브러리의 특정 버전대 사용을 위함입니다.

이후 'actviate 가상환경 이름'을 통해 가상환경에 진입할 수 있으며, 이때 설치하는 패키지는 모두 해당 가상환경에서만 구동되게 설치됩니다.

[그림 8] Anaconda를 이용한 가상환경 생성 방법

[참고 문헌]

https://www.python.org/
https://www.anaconda.com/
https://www.jetbrains.com/pycharm/
https://www.numpy.org/
https://pandas.pydata.org/
https://matplotlib.org/
https://www.djangoproject.com/
http://pythonexcels.com/python-excel-mini-cookbook/
https://www.pygame.org/
https://opencv-python-tutroals.readthedocs.io/
https://readthedocs.org/
https://wikidocs.net/book/1

코딩초보를 위한

72 시간
파이썬 정복

| 2019년 | 7월 | 25일 | 1판 | 1쇄 | 인 쇄 |
| 2019년 | 7월 | 30일 | 1판 | 1쇄 | 발 행 |

지 은 이 : 이승현 · 이정환 · 조수현 · 양정모
펴 낸 이 : 박정태

펴 낸 곳 : **광 문 각**

10881
경기도 파주시 파주출판문화도시 광인사길 161
광문각 B/D 4층
등   록 : 1991. 5. 31 제12-484호
전 화(代) : 031) 955-8787
팩   스 : 031) 955-3730
E - mail : kwangmk7@hanmail.net
홈페이지 : www.kwangmoonkag.co.kr

ISBN : 978-89-7093-948-3 93560

값 : 24,000원

 한국과학기술출판협회회원
KSPA